インテリジェンスと保守自由主義

新型コロナに見る日本の動向

江崎道朗

青林堂

はじめに

近年、インテリジェンスが、日本でも注目を浴びるようになってきました。

幸いなことに、内閣情報調査室、公安調査庁など実際にインテリジェンスに関わった方々によってインテリジェンス機関とはいかなる組織で、何をしているのか、ということが描かれるようになっています。

学問的には、中西輝政氏や柏原竜一氏、小谷賢氏らが優れた研究書を執筆してくれています。

こうした専門的な議論を踏まえながらも、本書では、永田町で政策立案に関与し、ソ連・コミンテルンに代表される国際共産主義運動などを研究してきた立場から、以下のようなテーマでインテリジェンスについて論じていきます。


ソ連に占領されたバルト三国、ポーランドの悲劇とは。

ソ連の戦争責任を問う決議を採択した欧州議会の真意は。

日本の国家戦略の司令塔「国家安全保障局」とはいかなる組織か。

新型コロナ対策が後手後手になったのはなぜか。

トランプ政権はなぜ減税と規制緩和、そして軍拡をするのか。

これらのことを通じて本書で論じているのは、「インテリジェンスの専門家になるためにどうしたらいいのか」ではありません。

「インテリジェンスを使いこなすために政治家、そして有権者である私たちが何をどう理解したらいいのか」ということです。

敢えて有権者ということを強調するのは、軍隊と同じく、インテリジェンス機関もまた、国民の理解と支持のもとで運用されるべきだと考えるからです。

というのも軍隊と同じくインテリジェンス機関は巨大な力を持つことになるため、その暴走をいかに食い止め、コントロールするのか、ということが世界各国の共通の課題なのです。

現に旧ソ連とその衛星国では、インテリジェンス機関が共産党の手足となり、国民の自由と人権を抑圧し、弾圧する機関となってしまいました。その悲劇は、お隣の中国共産党政権や北朝鮮において継続しています。

共産党政権だけではありません。ナチス・ドイツの人権侵害は有名ですし、ハリウッド映画では、自由主義の国アメリカでもＦＢＩやＣＩＡといったインテリジェンス機関の一員が暴走し、国民の人権を抑圧したり、国際問題を引き起こしたりしてしまうことが繰り返し描かれています。

要はスパイ防止法を作り、ＣＩＡのようなインテリジェンス機関を創設しさえすれば、それで万事が良くなるという話ではないのです。創設したのちに、この対外インテリジェンス機関をどう使いこなし、収集・分析した情報をいかに国策に生かしていくのかが重要なのです。

こうした問題意識に基づいて、私の体験談なども織り込みながら、できるだけ専門用語を使わずに書いたつもりです。

本書が、対外インテリジェンス機関を創設し、使いこなすための国民的な論議のたたき台となることを心より願っています。

本書の執筆にあたり、青林堂の渡辺レイ子さんを始めとする多くの方々にお世話になりました。この場を借りて御礼申し上げます。

令和二年五月六日

目次

第１章

インテリジェンス機関設立の背景

彼を知り己を知れば百戦危うからず

インテリジェンスとは何か。

京都大学の中西輝政名誉教授は、オックスフォード大学のマイケル・ハーマン教授の定義を引用しながら、次の三つの意味があることを説明しています（中西輝政著『情報亡国の危機』東洋経済新報社、二〇一〇年）。

第一に、インテリジェンスとは、**国策、政策に役立てるために、国家ないしは国家機関に準ずる組織が集めた情報の内容**を指します。いわゆる「秘密情報」、あるいは秘密ではないが独自に分析され練り上げられた「加工された情報」、つまり生の情報（インフォメーション）を受けとめて、それが自分の国の国益とか政府の立場、場合によると経済界の立場に対して、「どのような意味を持つのか」というところまで、信憑性を吟味したうえで解釈を施したもの。

第二に、そういうものを入手するための活動自体を指す場合もあります。

第三に、そのような活動をする機関、あるいは組織つまり「情報機関」そのものを指す場合もあります。

もっともこうした定義を読んだところで、大半の方はピンと来ないと思います。そこで本書では、実際の歴史やエピソードを交えながら、インテリジェンスについて考えていきたいと思います。

どこの国でも国際関係において自国が有利となるよう、敵方も含む国際社会の内情について必死に調べ、分析をしてきました。中国の孫子も二千数百年前に「彼を知り己を知れば百戦危うからず」と述べて、敵と自国の「情報」を「知る」ことの大切さを訴えています。

このインテリジェンスが国際社会で注目され、それぞれの国がインテリジェンス機関を創設し始めたきっかけとなったのは一九一七年のロシア革命と、一九一九年に創設されたコミンテルンという国際共産主義運動です。

この国際共産主義運動、ソ連・コミンテルンはどのような存在であり、どのようなことをしてきたのでしょうか。

共産主義はもともと、労働運動、労働組合運動から始まっています。イギリスの産業化が進み、貧富の格差が日に見えるようになる中で、労働者の健康や賃金などの保障をするために始められました。

その国際ネットワークとして第一インターナショナル（一八六四年～一八七六年）が創設されましたが、内部紛争で解体し、次いで第二インターナショナル（一八八九年～一九一四年）が結成されました。

カール・マルクスに言及した夏目漱石

日露戦争直前の明治三十五年（一九〇二年）、作家の夏目漱石はイギリス・ロンドンに留学していました。そこで夏目が見たものは、凄まじい貧富の格差であり、「こうした状況なので、カール・マルクスが唱えた共産主義が支持されるのもある意味、当然だ」というようなことを言っています。

明治三十五年（一九〇二年）三月十五日付で、義父・中根重一宛てにこう書き送っています。

《国運の進歩はこの財源を如何に使用するかに帰着致候。ただ己のみを考ふる数多の人間に万金を与へ候ともただ財産の不平均より国歩の艱難を生ずる虞あるのみと存候。欧洲今日文明の失敗は明かに貧富の懸隔甚しきに基因致候。この不平均は幾多有為の人材を年々餓死せしめ凍死せしめもしくは無教育に終らしめかへつて平凡なる金持をして愚なる主張を実行せしめる傾なくやと存候。幸ひにして平凡なるものも今日の教育を受くれば一応の分別生じ、かつ耶蘇教の随性と仏国革命の殷鑑遠からざるよりこれら庸凡なる金持どもも利己一遍に流れず他のため人のため尽力致候形跡これあり候は今日失敗の社会の寿命を幾分か長くする事と存候。日本にてこれと同様の境遇に向ひ候はば（現に向ひつつあると存候）かの土方人足の智識文字の発達する未来においては由々しき大事と存候。カール・マルクスの所論の如きは単に純粋の理窟としても欠点これあるべくとは存候へども今日の世界にこの説の出づるは当然の事と存候。》（三好行雄編『漱石文明論集』岩波文庫）

意訳すると、以下のような意味です。

国家の発展は財源をどう使うのかにかかってくるが、自分のことしか考えない人たちに財政を投じても貧富の格差が大きくなるだけだし、実際にヨーロッパの文明はそれで失敗している。財産の偏在によって有為の人たちが餓死したり、凍死したりしている一方で、財産を持っている凡人が愚かなことを言っている。

幸いに学校教育の普及とともに庶民も分別を持つようになっているし、金持ちもキリスト教の精神を踏まえ、かつフランス革命の二の舞を恐れて富の分配を心掛けているので、ヨーロッパの社会の寿命は多少長くなるかもしれない。

よってカール・マルクスの議論は理論的には欠点があるが、こうした議論が出てくるのは当然だ。そして日本も同じような状況になりつつある——。

マルクスが書いた『資本論』を原著で読んでいたそうですが、夏目漱石が憂《うれ》えたように日本でも近代産業国家の進展とともに貧富の格差が広がり、日露戦争以降、社会主義、そして共産主義が広がっていきます。

この辺りの経緯は拙著『コミンテルンの謀略と日本の敗戦』（ＰＨＰ新書）で書いたので、是非とも読んでください。

こうした貧富の格差の中で第一インターナショナルも第二インターナショナルも、労働者の過酷な環境を改善するために結成されたわけですが、愛国心を否定するものではありませんでした。むしろ国の行く末を憂うるがゆえに労働者の待遇改善に努めた側面があったと言えましょう。

ロシア革命からコミンテルン創設へ

それでは、愛国心を否定する労働組合はどこから出てきたのか。これは大正八年（一九一九年）の第三インターナショナル、通称「コミンテルン（Comin tern）」がソ連の指導者レーニンの主導で創設されてからなのです。

時系列を示すと、以下のようになります。

一九一四年七月、第一次世界大戦が勃発します。この世界大戦は、「連合国」（ロシア帝国、フランス第三共和政、グレートブリテン及びアイルランド連合王国の三国協商に基づく）対「中央同盟国」（主にドイツ帝国とオーストリア＝ハンガリー帝国）の戦いになります。

ロシアでは一九一七年三月に、首都ペトログラードで食料配給の改善を求めるデモが起こったのですが、これを契機に軍も反乱を起こし、臨時政府が樹立され、ニコライ二世は退位してしまいます。

その後、十月、帝政に代わって成立したロシア臨時政府も、ボリシェビキ（後のソ連共産党）によって打倒され（十月革命）、レーニンを議長とする「人民委員会議」が設立されたのです。

レーニンの銅像とソ連の国旗。チェコ・プラハの「共産主義博物館」にて撮影

レーニンは翌一九一八年三月三日、ドイツを相手にブレスト＝リトフスク条約を締結し、第一次世界大戦から離脱します。その八か月後の十一月、ドイツが降伏したことで第一次世界大戦は、「連合国」側の勝利に終わります。

ところが、いち早く世界大戦から離脱したレーニン率いるソ連軍（「赤軍」と呼ばれる）は、その後一九二二年まで、旧ロシア帝政領内においてロシア帝政支持者や自由主義勢力（「白軍」と呼ばれる）と内戦を繰り広げました。これに対して共産革命を警戒したアメリカ、イギリス、フランス、日本などは、「白軍」を支援しました。

この「ロシア内戦」は一九二二年、「赤軍」側の勝利に終わり、レーニンらはロシア、ザカフカース、ウクライナ、白ロシアなどの各共和国を統合し、ソビエト連邦（ソビエト社会主義共和国連邦）を発足させたのです。

この「ロシア内戦」中に、アメリカやイギリス、日本などの自由主義国が「白軍」を支援したことから、その対抗もあって世界共産化、つまり世界各地に共産主義革命を引き起こそうと、レーニンは各国の社会主義者たちを集めて一九一九年二月、コミンテルンを結成したわけです。

この「世界共産化」とは、全世界の資本主義国家すべてを転覆・崩壊させ、共産党一党独裁政権を樹立することです。世界各国を、中国や北朝鮮のような国にしようというのです。私から言えば、狂気の沙汰ですが、一方で戦争、貧困、差別などに苦しむ人たちにとって現状を変える手段として共産主義が魅力的に見えたのです。

ではどうやって世界共産化を成功させるのか。

コミンテルンの創設者であるレーニンは、「敗戦革命」という大戦略を唱えました。

敗戦革命とは、「資本主義国家間の矛盾対立を煽って複数の資本主義国家が戦争をするよう仕向けると共に、その戦争において自分の国を敗戦に追い込み、その混乱に乗じて武装した共産党と労働組合が権力を掌握する」という革命戦略です。

図式で書くと、こうなります。

各国の共産党員は、資本主義国家同士の対立を煽る。

←資本主義国家同士で戦争を起こさせる。

←資本主義国にいる共産党員は、労働組合とともに「反戦平和運動」、つまり自国が戦争に負けるよう活動する。

←戦争に敗北したら、内乱を起こし、混乱に乗じて一気に政府を打倒し、権力を奪う。

レーニンの凄いところは、各国で「共産主義の理解者を増やし、共産党を大きくする」という方法では共産革命を起こすことができない、ということを理解していたことです。

日本にとって不幸だったのは、このコミンテルンの重点対象国が、「日露戦争を戦ったわが日本」と、「世界最大の資本主義国家アメリカ」だったということです。日本とアメリカ、二つの「資本主義」国の対立を煽って日米戦争へと誘導することは、コミンテルンにとって最重要課題でした。

現にレーニンは一九二〇年十二月六日、「ロシア共産党モスクワ組織の活動分子の会合での演説」の中でこう指摘しています。

《二つの帝国主義のあいだの、二つの資本主義的国家群のあいだの対立と矛盾を利用し、彼らをたがいにけしかけるべきだということである。（中略）

第一の、われわれにもっとも近い対立――それは、日本とアメリカの関係である。両者の間には戦争が準備されている。…このような情勢のもとで、われわれは平気でいられるだろうか、そして共産主義者として、「われわれはこれらの国の内部で共産主義を宣伝するであろう」と言うだけですまされるであろうか。これは正しいことではあるが、これがすべてではない。共産主義政策の実践的課題は、この敵意を利用して、彼らをたがいにいがみ合わせることである。そこに新しい情勢が生まれる。二つの帝国主義国、日本とアメリカをとってみるなら――両者はたたかおうとのぞんでおり、世界制覇をめざして、略奪する権利をめざして、たたかうであろう。…われわれ共産主義者は、他方の国に対抗して一方の国を利用しなければならない。》

日本とアメリカの対立、イギリスとドイツの対立を徹底的に煽る。そうすることでヨーロッパとアジアに共産国家を作ろうというのが、レーニンの世界戦略でした。

このような「資本主義国間の戦争から敗戦革命へ」という戦略を遂行するために一九二一年、コミンテルン・アメリカ支部として設置されたのが、アメリカ共産党です。

内乱はこうして起こる

では、ソ連・コミンテルンはどうやって「内乱」や「革命」を起こそうとしたのでしょうか。

第二次世界大戦後、ソ連によるシベリア抑留を経験された高千穂商科大学の名越二荒之助《なごしふたらのすけ》先生（故人）は『内乱はこうして起る』（原書房、一九六九年）の中で、戦前のフランスを例に「内乱から亡国へ」の経緯を解説しています。

この解説を現代に合わせて紹介しましょう。

①軍事を忌避するマスコミ――戦前のフランスのマスコミは娯楽ばかりを扱い、政治や軍事についてほとんど報道しませんでした。

②**楽観主義、間違った平和主義の横行**――「自国の平和が脅かされようが、外国の侵略を受けようが、とにかく平和が大切だ」という無条件屈服論が横行しました。

③**外国の宣伝に踊らされる**――ドイツのスパイ組織が「ドイツの圧倒的な軍事力に対し軍事で対抗するのは無駄だ」という宣伝を繰り広げ、フランスの世論を「軍拡をしても無駄だ」という敗北主義へと誘導しました。

④**国内の対立の激化**――フランスの政治家たちは、お互いを激しくののしり、感情的な対立が激化し、対外政策も混乱していました。

⑤**政治家の世論への迎合**――政治家たちが世論を指導するというよりも、世論に迎合する傾向が強かったのです。危機を危機として真剣に国民に訴える勇気を持つ政治家が少なかったのです。しかも軍首脳部も、政治家に隷属し、防衛費の増加の必要性など国防にとって重要な見解を主張しようとしませんでした。

⑥**議会の機能喪失**――議会制民主主義が成立するためには「少数政党は多数政党の決定を尊重

する。多数政党は、反対党から信頼されるよう公平に行動する」の二点が必要です。しかしフランスでは、最大与党の社会党が、ソ連の指示を受けていたフランス共産党と組み、保守系政党の意見を認めようとしなかったので、議会機能は麻痺していました（日本のサヨク・リベラル政党もすぐに審議拒否をして、議会機能を麻痺させようとしています）。因みに共産主義者は共産党による一党独裁を主張し、議会制民主主義を認めていません。

⑦政府の混乱と防衛体制の不備――一九三九年九月三日、ナチス・ドイツとフランスが戦争状態に入っても、フランス政府首脳は右往左往するばかりで、防衛体制の強化を放置し、一気にドイツに攻めこまれ、占領されました。（東日本大震災のときの、民主党政権の右往左往ぶりを思い出してほしいと思います）

1　スパイ工作

愛国心が戦争を起こすというプロパガンダ

このように「敗戦革命」、「内乱から革命へ」という目標を達成するために、ソ連・コミンテルンは、世界各国に秘密工作を仕掛けたのですが、それは主に次の三つの分野があります。

2　サボタージュ（破壊工作）
3　影響力工作

「スパイ工作」とは、国家の機密情報を盗む、政府要人を自国のスパイに仕立て上げるなどの工作活動を指します。さまざまな団体にスパイを送り込み、その団体を内部から操る工作もあります。このスパイ活動から国家機密を守ることを防諜《ぼうちょう》、カウンター・インテリジェンスと呼びます。

「サボタージュ」とは、政府要人の殺害、鉄道・水道・電力・通信網を含めたインフラの破壊、サイバー攻撃など、広い意味でのテロや破壊工作を指します。いざというとき、破壊工作を実施して内乱を起こそうとするわけです。

「影響力工作」とは、世論誘導やプロパガンダによって自国に有利な考えを一般国民に浸透させていく工作を指します。例えば、「戦争法案反対」などと叫び、中国共産党政権の軍拡に立ち向かえないようにする、といった工作です。

この三つを組み合わせながら「間接侵略」を仕掛けてくるのに対して、どのように対抗するのかを考え、実行するのがインテリジェンス組織ということになります。

この三つの秘密工作を使って世界中に共産党を作ったのが、ソ連・コミンテルンでした。

一九一七年、ロシア革命において世界で初めて共産革命を成功させたレーニンですが、国内も国外も周りは敵ばかりでした。なんとか世界に味方を見つけないといけないわけですが、味方になってくれそうな存在と言えば、世界各国、特に先進国にいた労働組合の人たちでした。彼らの多くは、第二インターナショナルという世界組織に所属していました。

そこでソ連の指導者レーニンは、第二インターナショナル所属の労働組合を切り崩して、コミンテルンに加盟させようとしたのです。

どのような切り崩し工作を仕掛けたかというと、世界各国の労働組合にスパイを送り込み、「第一次世界大戦を阻止できなかったのは労働者が愛国心を持った」からであり、「国境を越えて労働者同士が団結して資本家階級による戦争を阻止すれば、悲惨な世界大戦は阻止できたはずなのだ」と宣伝をしたのです。

あまりにも第一次世界大戦が悲惨でしたから、これは説得力がありました。この悲惨な状況の中で「労働者同士が団結して資本家たちに立ち向かえば、平和を守れるんだ」という宣伝を繰り広げたわけです。

「平和を欲するならば、愛国心を否定して労働者は団結せよ」と異常なほど国家を否定するプロパガンダは、このコミンテルンから始まりました。そして、その系譜を引き継いでいる労働組合の一部は、いまだに愛国心を敵視しているわけです。

要は「労働者たちよ、自国を否定してコミンテルン総本山のソ連に従え」ということなのです。「労働者の祖国であるソ連に従うことが世界の平和につながる」というロジックが共産党の基本思想なのです。

ソ連・コミンテルンは共産主義のことを「マルクス・レーニン主義」という言い方をしていました。マルクスの共産主義理論を踏まえながら、マルクス主義をレーニン主義、つまり愛国心を否定してソ連に従い、世界革命を目指すというロジックへと変えたのです。

こうした歴史的な経緯を理解している日本の旧同盟系、旧民社党の人たちは、あくまでも「国家の発展があってこその労働組合だ」という位置づけなので、共産党系に対してものすごく抵抗があるわけです。労働組合をめぐるこの基本的な対立構図はよく理解しておいてください。

現在の日本に存在する労働組合のナショナルセンターは「連合」です。この「連合」には、民間企業の労働組合を主体とする「旧同盟系」と、自治労・日教組といった公務員労働組合を主体とする「旧総評系」の二つのグループの集合体です。

そして旧民社党の流れを汲む同盟系は基本的に憲法改正に賛成であり、安全保障確立にも賛成です。これに対して旧社会党、共産党につながる総評系は、愛国心否定、憲法改正にも反対なので、どうしても共産党に取り込まれやすいわけです。

まずこの大きな構図を理解しておくことが重要です。

労働組合乗っ取り工作

しかもレーニン率いるコミンテルンは、共産主義思想を世界各国に広めようとしただけではありませんでした。

労働組合を理論的に説得して仲間にするだけではなく、スパイを内部に送り込んで世界各国の労働組合などを乗っ取ろうとしたのです。

そのためコミンテルンは、世界各国に共産党を設立するだけでなく、多くの世界組織を作りました。その代表格の一つが、一九二一年四月三日に創設された赤色労働組合インターナショナル、略称「プロフィンテルン」です。第二インターナショナルに加盟していた労組組合を切り崩し、労働者を組織化したものです。

もう一つ、忘れてならないのが「エドキンテルン」（教育労働者インターナショナル）です。教職員を対象とした教職員労働組合の世界組織で、このエドキンテルンの日本支部が日教組の母体となりました。日教組はコミンテルンの別動部隊の末裔《まつえい》だから、戦後、中国共産党や北朝鮮を賛美し、資本主義を罵倒する方針を掲げてきたわけです。

この二つの労働組合の世界的ネットワークの中で、共産党系の活動家たちが、愛国心を持つ労働組合に入り込んで、切り崩し工作を仕掛けるのですが、その基本戦略を「人民統一戦線」といいます。これは一九三五年に、スターリン時代のコミンテルンが打ち出した戦略です。

相手を共産主義者にする必要はないし、共産主義団体だけを相手にしなくてもいい。自由主義団体であろうと資本主義団体であろうと、あるいはキリスト教会であろうとなんでもよいから、とにかく内部にスパイや工作員を送り込み、それらの団体を内部から支配せよ、というものです。この内部にスパイを送り込む方策のことを「内部穿孔工作《せんこう》」と言います。

実は共産党の中には、「内部穿孔工作」を専門に実行する組織が作られています。フラクション部（Fraction Department）といいます。拙著『日本外務省はソ連の対米工作を知っていた』で詳述しましたが、フラクションというのは〝断片、破片〟という意味であり、労働組合、平和団体、教育団体に入り込み、内部から支配をしようとする部隊のことです。

そのやり方を分かりやすく説明すると、ある団体や会社に工作員を送り込み、「資本家だけ、あるいは経営者だけが儲けて、労働者たちの給料が安いのはけしからん」と言って、経営陣への敵意を煽るわけです。

「経営陣（資本家）は利益を不当に貯め込み、自分たちを酷使するだけでその利益を再分配しないのはおかしい」「一部の金持ちだけを優遇するいまの政府はおかしい」などと経営陣や政府への不信感を煽るのです。そうすると社員たちはだんだんと同調し、「資本家や政府はけしからん」と反発し、結果的に共産党の主張に同調するようになっていくというわけです。

アメリカのマスコミが偏向している背景

ここでアメリカ共産党を例に内部穿孔工作についてご紹介しましょう。

アメリカ共産党の「内部穿孔工作」の主要工作機関として、アメリカの新聞対策を担当したのが、「アメリカ新聞ギルド」です。

このギルドは一九三三年九月、新聞記者および編集部員の待遇改善、能力増進を主要目的として設立されました。ところが、この「アメリカ新聞ギルド」は共産党の内部穿孔工作を受けて共産党に乗っ取られ、一九三七年には穏健な「ＡＦＬ（アメリカ労働総同盟）」から離脱し、共産党系が多く加盟している「ＣＩＯ（産業別組織会議）」に加盟します。

労働組合には、政治的信条を持たない普通の人たち、所謂ノンポリがたくさん入ってきます。そして労働組合の会議に、普通のノンポリの組合員が参加することはありません。多くのノンポリ組合員が不在の中で、共産党の工作員たちがそうした会合に出席します。そして彼ら主導で労働組合や会社内部の労働組合の会議規約、方針などを共産党流に書き換えていったわけです。

よって「アメリカ新聞ギルド」についても当初は、記者と編集者だけが加盟していましたが、いつの間にか規約が書き換えられ、共産党系の事務員などが次々と加盟するようになり、その数が記者と編集者の数をはるかに上回っていきます。そうなれば、多数決で「アメリカ新聞ギルド」の方針を決定することができるようになっていくわけです。

現にこれまで余りに左翼的すぎるとして加盟を拒否されていた、アメリカ共産党の機関紙「デイリー・ワーカー」や「ニュー・マッセズ」誌、「ニュー・リパブリック」誌、「ネイション」誌などの関係者も加盟が許されるようになり、これによってギルドのニューヨーク支部がアメリカ共産党によって完全に支配されてしまいます。

ニューヨーク支部を牛耳ったアメリカ共産党は、次に左翼勢力が強いシカゴなどで、新聞社に対してギルドに加盟するように迫っていきました。しかもギルドに加盟しようとしない新聞社があれば、従業員によるストライキや広告主に対するボイコットを仕掛けて恫喝し、加盟させていったのです。

このようにしてマスコミの社員たちを次々に共産党系のユニオンに加盟させ、新聞社や出版社を乗っ取っていったのです。かくして戦前のアメリカにおいて、マスコミは次々と共産党系労組に加入し、ソ連・コミンテルンの指示通りに反日宣伝を始めたのです。

コミンテルンの意を受けたアメリカ共産党は戦前、ルーズヴェルト民主党政権に対しても内部穿孔工作を仕掛けていました。特に重視していたのが、労働省や財務省など、労働運動や予算を担当している部門に工作員を送り込むことでした。

労働組合と会社が対立したときに労働組合に都合のいい判決、裁定をするように政府の労働運動、労働組合の担当部門を乗っ取ろうとしたのです。そのため、ルーズヴェルト民主党政権の労働調停局などは、アメリカ共産党やCIOによる新聞社従業員の不当行動を常に擁護しました。

このコミンテルン時代の影響はいまだにアメリカに強く残っていて、アメリカのマスコミの多くがサヨク・リベラル系です。特にテレビのCNNに対してアメリカの保守派は「コミュニスト・ニュース・ネットワーク（共産主義者のニュース・ネットワーク）だ」と揶揄《やゆ》するほどです。

国際共産主義による秘密工作は現在進行形

しかも、この内部穿孔工作を担当するフラクション部とは別に、アメリカ共産党には、エフォート部（Effort Department）がありました。

何をするグループかというと、内部穿孔工作を受けた人たちは「給料が安いのは経営者が悪いからだ」と思って活動をするようになるのですが、いつのまにか共産党の集会などに駆り出されるようになります。すると、「自分は、給料が安いのが不満なだけで、革命を目指す共産党の仲間にはなりたくない」などと、必ず共産党を嫌がるメンバーが出ます。

そこで、共産党から抜けようとする者を吊し上げたり、「仲間から離脱すると家族の安全はないと思え」などと恫喝したりする、テロ・破壊工作専門部隊が「エフォート部」なのです。

このエフォート部は、いざという時にサボタージュ、つまり鉄道や電話局などを破壊し、内乱を起こすための専門のテロ集団でもありました。そして、世界各地の共産党の「エフォート部」

の総元締めの代表格が、ソ連で治安を担当していたインテリジェンス機関であるＫＧＢでした。

このソ連・コミンテルンの政治手法、秘密工作を学び、さらに進化させているのがお隣の中国共産党政権です。国際共産主義による三つの秘密工作の危機は現在進行形なのです。

よって、インテリジェンスにおいて第一に理解しなければならないことは、「**国際共産主義による三つの秘密工作の危機は現在進行形だ**」ということです。

次章では、このソ連・コミンテルンが実際にどのようにして国家を乗っ取り、ソ連に支配下に置いたのか。そして支配下においた国々でソ連は何をしたのか、実際にソ連によって占領・併合されたバルト三国を例にして見ていきたいと思います。

第2章

スパイ防止法に基づいて弾圧されたバルト三国

東郷平八郎元帥の写真を飾ったポーランド人

「私たちは、何かあるとマリア様にお願いをするのですが、私の祖父たちは、マリア像の横に一枚の写真を飾っていました。それは、日本の東郷元帥《とうごうげんすい》の写真です」

平成三十一年（二〇一九年）三月三日、ポーランドの首都ワルシャワで旧市街市場広場を歩いているとき、地元のガイドのカシャさんという女性は、こう突然話し始めたのです。

「ワルシャワの街は、第二次世界大戦中にここを占領したナチス・ドイツ軍によって徹底的に破壊されました。ナチス・ドイツが敗退したあと、代わってソ連軍がここにやってきて、その後、ポーランドはソ連の影響下で苦しみました。だけれども、写真や絵を頼りにこのワルシャワの街並みを当時と同じように再現し、ユネスコの世界遺産にも指定されました」

私が「なぜ東郷元帥の写真を飾っていたのですか」と尋ねると、ワルシャワ大学で日本語を学んだカシャさんは流暢な日本語でこう答えてくれました。

「日露戦争の、特に日本海海戦でロシア海軍を破った東郷元帥は、ポーランドにとっても英雄なのです。だから、二十世紀の初頭、ロシアの支配下にあったときも、第二次世界大戦中にソ連に支配されたときも、祖父たちは、『このポーランドを助けて下さい』と、東郷元帥に祈ったのです」

いやー、驚きました。カシャさんは、三歳の子供を持つお母さんで、ポーランド政府からガイドの資格を付与されている方です。そうした方から、東郷元帥の話を聞かされるとは思ってもみなかったのです。

ここで、改めて歴史的な経緯を説明しておきましょう。

ポーランドは、十八世紀、開明的な立憲君主国として栄えますが、近隣の大国に翻弄《ほんろう》され、一七九五年、プロイセン・オーストリア・ロシアの三国によって分割され、独立を失ってしまいました。特にロシアがポーランド領の多くを占領したことから、ロシアに対して何度も独立運動を起こしますが、そのたびにロシアの強大な軍事力によって叩きのめされてきたのです。

そんな憎っくきロシアと戦争をして勝った国がある。極東、つまり東の果てにある小さな国・日本です。明治三十七年（一九〇四年）から明治三十八年（一九〇五年）にかけて戦われた日露戦争で、特に世界最強と呼ばれたロシアの海軍艦隊、通称バルチック艦隊を完膚《かんぷ》なきまでに破ったのが、東郷元帥率いる日本海軍だったのです。

あの強大なロシアを打ち破った日本、そのリーダーである東郷元帥の写真を、聖母マリア像の横に置いて「ロシア、そしてソ連からの独立」を願っていたポーランドの人たち。本当に嬉しくなる話です。

ソ連によって侵略され、独立を奪われたバルト三国

実はポーランドには立ち寄っただけで、二〇一九年二月二十五日から三月四日までバルト三国で国際共産主義とソ連に関わる近現代史についての取材をしてきました。

バルト三国とは、バルト海沿岸に並ぶリトアニア、ラトビア、エストニアの三国の総称で、いずれも人口百万から三百万人程度の小国です。

ロシアとポーランドに挟まれ、近代まではそれぞれ独自の歴史を歩んでいましたが、十八世紀以降次々とロシアに支配されてしまいます。日露戦争のときに日本海戦で戦ったロシア艦隊は、このバルト海を拠点にしていたことからバルチック艦隊と呼ばれました。

第一次世界大戦中の一九一七年にロシア革命が起こり、ロシア帝政は崩壊します。その隙を衝いて一九一八年に三国とも独立を果たしました。

第二次世界大戦前、日本にとってバルト三国は極めて重要な国々でした。一九三三年に国際連

リトアニアに建てられた杉原千畝記念館

盟から脱退した日本は、ソ連の脅威を共有し、協力関係を築くことができる国としてバルト三国を重視したのです。

こうしたインテリジェンスの観点から一九四〇年に多くのユダヤ人を救った外務省の杉原千畝《すぎはらちうね》はリトアニアに赴任していましたし、戦時中にヤルタ会談の内容をいち早く入手した陸軍の小野寺信はエストニアに赴任しています。

残念ながら、このバルト三国は、一九三九年に始まった第二次世界大戦中の一九四〇年に、ソ連に占領されてしまいます。しかも翌一九四一年から一九四四年まで、ナチス・ドイツに占領され、その後再びソ連に占領され、ソ連邦に併合されます。それから半世紀後に東欧民主化運動が勃発し、一九九一年にバルト三国は再び独立を取り戻します。

ラトビア占領博物館の表看板。ラトビアはナチス・ドイツに占領されたあと、ソ連に占領され、1991 年まで支配されていたことを示している。

簡単に記すと、次のようになります。

一九四〇年、ソ連による占領
一九四一年、ナチス・ドイツによる占領
一九四四年、再びソ連による占領、そして
ソ連邦に併合、独立を喪う
一九九一年、再び独立を回復

このバルト三国の独立が、ソ連邦崩壊と、東西冷戦の終結のダメ押しとなりました。

このようにバルト三国は、いったん独立を果たしても第二次世界大戦末期にソ連に占領され、実に半世紀近い四十六年間もソ連の支配下に置かれ、再び独立を取り戻したわけです。

日本が敗戦後、アメリカ軍によって占領さ

リトアニア　KGB ジェノサイド博物館

れた期間が六年半ですが、この僅か六年半の占領による後遺症にいまだに日本は苦しんでいるわけですから、バルト三国もさぞ大変だと思います。

　では、このバルト三国は、第二次世界大戦とその後の歴史の中で、ソ連に占領され、併合されたわけですが、実際に何があったのか、その歴史をバルト三国はいまどのように捉えているのか、コミンテルン結成百年にあたる二〇一九年、実際に取材をしようと思ったわけです。

　今回の取材は僅か八日間でしたが、次のような戦争博物館や施設を視察し、ソ連、コミンテルンをどのように捉えているのか、観てきました。

○リトアニア

ＫＧＢジェノサイド博物館
国立ホロコースト・ミュージアム
リトアニア住民のジェノサイドとレジスタンス調査センター
○ラトビア
ラトビア軍事博物館
ラトビア占領博物館
角の家（ＫＧＢ博物館）
ＫＧＢ監獄博物館
○エストニア
エストニア占領・自由博物館
ソコス・ホテルＫＧＢ博物館
ＫＧＢ監獄博物館

こうした戦争博物館の基本的なコンセプトは、スターリン率いるソ連による過酷な占領及び併合政策、そしてソ連の情報機関であるＫＧＢとその手先となった警察を含む治安機関による人権弾圧を糾弾するというものです。

ソ連と共産党のもとでインテリジェンス機関、治安機関がいかに酷い人権弾圧をしてきたのかを訴える博物館が次々と建設されているわけです。

もちろん、スターリンと同じように、スターリンと組んだナチスの戦争犯罪も徹底的に告発、追及されています。

「ナチス・ドイツ」と「スターリン率いるソ連」という二つの全体主義国家がヨーロッパの平和と人権を踏みにじったのであり、この二つの全体主義国家の戦争犯罪を追及すべきである。これが、現在のヨーロッパの基本的な主張なのですが、日本ではナチス・ドイツのことだけに言及し、ソ連の部分が完全に抜けてしまっています。

ソ連の戦争責任追及から始まったバルト三国の民主化運動

今回の取材では最初にリトアニアの首都ヴィリニュスを訪れました。

地元の女性ガイドがまず案内してくれたのが、カトリック教会の大聖堂でした。この大聖堂の前の広場にある足形を指差し、「一九八九年八月二十三日、ソ連の支配下にあったバルト三国は、独立の意思を国際社会にアピールするため、人間の鎖というデモ活動を実施した。約二百万人が参加し、六百キロ以上の鎖を作ったが、その起点がここなのです」と説明してくれました。

ちょうど、「人間の鎖」を実施した一九八九年八月二十三日は、バルト三国のソ連併合を認め

リトアニアのヴィリニュス大聖堂の広場に記された「人間の鎖」の起点

た独ソ不可侵条約秘密議定書（モロトフ・リッベントロップ秘密議定書とも言う）五十周年にあたり、改めてソ連のスターリンとナチス・ドイツのヒトラーの戦争責任を追及したのです。つまりバルト三国が、ソ連のスターリンとナチス・ドイツのヒトラーの戦争責任を追及することが、東欧「民主化」革命の中核理念であったのです。

日本では、ナチス・ドイツと同盟関係を結んだことで日本の責任を問う声がありますが、少なくともバルト三国では「ナチス・ドイツだけでなく、ソ連の戦争責任、人権侵害」も問題視されているのです。

「この大聖堂が（人間の鎖の）起点となったのは理由があるのか」と質問すると、地元ガイドは、別の一角を指差し、こう説明してくれました。

「この印のあるところで三回廻って願い事をすると、聖母マリアが望みを叶えてくれるという言い伝えがあります。そこでソ連併合時代、多くのリトアニア人がここで三回廻って、ソ連邦の解体とエストニアの独立回復を祈ったのです」

このヴィリニュスには、ソ連の秘密警察ＫＧＢ本部跡に「ＫＧＢジェノサイド（大量虐殺）博物館」が建てられていたので訪問すると、ソ連の秘密警察によって殺された犠牲者慰霊碑には、真新しい花束が捧げられていました。遺族たちが頻繁に訪れているのです。

この博物館を運営する「リトアニア住民のジェノサイドとレジスタンス調査センター」も訪問したところ、このセンターの研究員から大歓迎を受け、「ナチス・ドイツによるユダヤ人虐殺だけでなく、ソ連によるリトアニア人虐殺と抵抗運動に関する歴史を懸命に調査し、関連の資料を収集している」と言っていました。ここでも貴重な文献、書籍をかなり購入することができました。

サーレマー島での虐殺

ソ連による侵略と占領、そしてソ連の支配下でのＫＧＢと秘密警察による人権弾圧がいかにひどいものであったのか。日本ではあまり知られていないので、ここで具体的に紹介しておきましょう。

エストニアの首都タリンに建てられているKGB監獄博物館

エストニアの首都タリンに建てられているKGB監獄博物館（KGB Prison Cells）の売店で幾つかの本を購入しました。その一つ、歴史の記憶に関するエストニア研究所編『ソ連化と暴力（*Sovietisation and Violence: The Case of Estonia*, University of Tartu Press）』（二〇一八年、未邦訳）にはこう書かれています。

《バルト諸国の「ソビエト化」とそれに伴うテロには明瞭な特徴があった。

第一に、ソ連の侵攻の前にドイツの占領があり、このことが様々な占領体制に対する民衆の態度に重要な影響を与えていた。一九四四～一九四五年に再ソビエト化されると、バルト諸国の人々は、その後四十年以上も自らの歴史的経験を自由に語ることができなかった。

第二に、一般的には、「ソビエト化」はソ連式の政体を東欧および中欧に設立することだと理解されているが、当時は——バルト諸国の状況においては（ルーマニアやポーランドからソ連に併合された領域を含めて）——独立時代の国家的・社会的体制の完全な破壊と、ソ連式の体制へ

の内実と形式の両面の置き換えを意味していた。》

第二次世界大戦の末期、ドイツを打ち破ったソ連は再びバルト三国を占領するや、バルト三国の「言論の自由」を奪い、ソ連占領下でどのようにひどい占領政策が行われたのかを、自由に話すことを禁じられたというのです。

そしてソ連に占領されたバルト三国は、それまでの自由民主主義を完全に破壊され、一党独裁の共産主義体制を押し付けられたのです。日本もソ連に占領されていたら、同じ目に遭っていたのことでしょう。

そして言論の自由を奪われ、共産党一党独裁の政治体制を押し付けられたことで災厄が「終わった」のではないのです。ここから国民に対するテロ、迫害が「始まった」のです。

《第三に、ここバルト諸国を全体的テロの波が襲ったのはソ連の大粛清の三～十年後だったことである。

いわゆる「トロイカ」（註：トロイカとは国家警察の警察官と地元の共産党指導者と国家行政官の三人から成るグループであり、控訴権なしで死刑や流刑などの厳罰の判決を素早く下す権限を与えられていた）や大規模テロ作戦がバルト諸国に出現したのは一九四四年六月半ば以降である。

　バルト諸国で政治的逮捕が最も多くなったのは一九四四年のソ連による再占領以降のことであり、大規模な強制移住が行われたのは、一九四八～一九四九年（リトアニア）および一九四九年（エストニアとラトビア）のことだった。

　一九四九年三月の強制移住の際には、ものの数日のうちに二万人以上の人々がエストニアからシベリアに送られたが、さらに一万人が移住させられる予定だった。強制労働収容所（グラーグ）に収容されたエストニア人が最も多かったのは一九五二年で、二万七千人以上が収容所や居留地に閉じ込められた。合計でおよそ七万五千人のエストニア住民がソ連当局によって殺害、監禁、あるいは強制移住させられた。これは世界的にみると絶対数としては少ないが、一九三九年のエストニアの人口は百十三万四千人なので、その六・五％を占めることになるのだ。》

　ソ連の占領下に置かれたバルト三国の人たちは、本当に悲惨な目に遭いました。その代表例が「サーレマー島での虐殺」です。

　同じくエストニアの首都タリンに建てられているＫＧＢ監獄博物館（KGB Prison Cells）の売店で購入した『一九四一年に起こったサーレマー島での赤色テロ』（Endel Püüa, *Red Terror on Saaremaa 1941*, Lakeshore Press、未邦訳）は、当時、遺体を埋葬した人たちから聞き取り調査を行い、その様子をこう記しています。

《サーレマー島での虐殺の背景

一九四〇年から一九四一年にかけての二年間、モロトフ＝リッベントロップ協定に伴う秘密協定書により、ソ連はバルト三国を占領した。一九四一年六月に独ソ戦が始まるとソ連軍は撤退を始めた。エストニア本土からのソ連軍の撤退がほぼ完了し、ドイツ軍がまだ来ていない状況で、サーレマー島に残っていたソ連軍は、撤退直前に数百人を殺害した。

島の住民は、人々が姿を消したことや、ソ連軍が本拠地にしていたクレッサーレ城から銃声がしきりに聞こえていたのに気づいていたので、ソ連軍がサーレマー島を放棄した直後の一九四一年九月二十一日午後、ただちに捜索を始め、遺体を次々と発見した。

しかし第二次大戦の末期ソ連に再占領されてからソ連崩壊まで、この虐殺事件はタブー化されていた。一九八八年に調査委員会が発足し、文書、目撃者の証言、ドイツ占領中の新聞記事などを基に調査を行っている。》

この虐殺現場を見た人の証言が次のように記されています。

《遺体の外見は恐ろしいものでした。服はずたずたに引き裂かれ、泥と凝固した血に覆われていました。ある女性の片方の乳房は完全に切り取られており、もう片方はかろうじて胴体からぶら下がっている状態でした。

目をくり抜かれた遺体も見ましたし、何体かは口がただ黒い穴になっていました。歯も舌もありませんでした。穴の中をはっきりと見たのです。舌がありませんでした。有刺鉄線が手首に食い込んで、棘の先端だけが表面に出ているのも見ました。

手や足を煮たという話も嘘ではありません。足と、腕の肘から先は、まるでゼリーでできた切り株のようでした。村の人たちの何人かが地下室の大釜を見に行きました。大釜はひどい悪臭を放ち、水の中に皮膚のかけらが見えました。》

ソ連のスパイ防止法によって弾圧されたバルト三国の人々

ソ連軍によって虐殺されただけではありません。

ソ連に占領されたエストニアでは、ソ連と共産党に逆らう人たちが次々と逮捕され、まともな裁判を受けることもできないまま、死刑や流刑に処せられました。

その法的根拠となったのが、ソ連のスパイ防止法「ロシア・ソビエト連邦社会主義共和国刑法第五十八条」でした。ソ連に占領された途端、ソ連の法律によって一方的に裁かれたのです。し

ラトビア占領博物館

かも過去の言動まで遡って適用されたのです。

ラトビア占領博物館で購入した、ラトビア占領博物館編著『ソ連とナチス・ドイツの占領下のラトビア』（Museum of the Occupation of Latvia, *Latvia under the Rule of the Soviet Union and National Socialist Germany*, 2018、未邦訳）はこう指摘しています。

《ロシア・ソビエト連邦社会主義共和国刑法第五十八条（Article 58 of the Russian SFSR Criminal Code）

この条文は、反逆、武装蜂起、スパイ行為、サボタージュ（義務の遂行を意図的に失敗すること）、経済破壊など、ソ連の官憲に逆らう行動を「反革命」罪として列挙している。そのほかにも、民主的社会であれば公民権の一部とみなされる行動も罪になる。たとえば、公的政策と反する意見の表明や、「資本主義的」諸国との接触、反体制運動の状況を知りつつ通報しないことが「反革命」罪になる。

ソ連の占領中にラトビアの住民を告発したり処刑したりするための基盤として最も頻繁に使われたのが、この五十八条である。この条文によってソ連当局はほぼ全面的に無制限の権限を手にした。有罪判決を受けた人の成人家族は、多くの場合、五十八条違反で逮捕された。告発は遡及適用されたので、ラトビアが独立していた時期の行動やそれ以前の行動でさえも第五十八条違反に問われた。（中略）法的に言えば、第五十八条はソ連の法律ではなく一九二六年にロシア・ソビエト連邦社会主義共和国の法規として導入されたものであり、その後ソ連のほかの共和国にもこの条文の使用が拡大された。》

このソ連の「スパイ防止法」に基づいてバルト三国の人々は、シベリアに送られ、強制労働も強いられました。日本も戦後、多くの日本人がシベリアなどに送られ、強制労働をさせられましたが、それは日本人だけではなかったのです。

ラトビア占領博物館編著『ソ連とナチス・ドイツの占領下のラトビア』はこう記しています。

《ソ連領内遠隔地への集団強制移住

ソ連の遠隔地に向けた集団強制移住はチェカー（ソ連の秘密警察、後のＫＧＢ）のテロ支配の最も恐ろしい手法の一つだった。集団強制移住の波は一九三〇年代に、集団化やテロ作戦に伴ってソ連のほかの地方に押し寄せたが、ラトビアで最初の大規模な強制移住が行われたのは一九四一年六月十四日のことである。

大規模な強制移住を実行する指令は一九三九年の秋に、新たに併合されたウクライナ西部で、ウクライナ・ソビエト社会主義共和国ＮＫＶＤ（内務人民委員部）長官のイヴァン・セロフ将軍によって作成された。その指令はモスクワで承認され、バルト諸国で使われた。ソ連国家内務人民委員として、セロフは一九四一年一月二十一日に指令書に署名した。

六月十三日から十四日にかけての夜、一万五千五百人のラトビア住民が令状なしで逮捕され、ソ連の遠隔地に送り出された。このうち十歳以下の子供は二千四百人だった。逮捕されたのは、主に、政府や地方の公的機関、経済、文化の指導的立場にいた人々とその家族だった。

強制移住させられる人々は夜中に起こされ、一時間以内に身支度をさせられた。持っていくことを許されたのは自分で運べるものだけで、持っていけなかったものはすべて国家に没収された。不運な人々はすでに準備されていた家畜用や貨物用の貨車に詰め込まれ、そこで何週間も何か月間も過ごすことになった。途中で亡くなる人が多く、特に乳幼児、病人、高齢者が倒れていった。約八千二百五十人の男性が家族から引き離され、逮捕されて、鉄条網に囲まれた重労働収容所に

送られた。女性と子供はいわゆる「行政居住地」に送られた。》

ある日、突然逮捕され、シベリアの収容所などに送られたというのですから、本当に恐ろしいことです。しかもシベリアなどに送られた人たちは、苛酷な生活を強いられ、死んでいきました。

《ソ連の検閲を受けたラトビアの新聞には、これらの出来事は一言も載らなかった。強制移住させられた人々がどうなったのか、家族には知る方法がなかった。民兵も含めていかなる機関も、情報や支援を与えなかった。鉄道線路沿いに、強制移住させられた人々が家族にあてた別れの手紙が散らばっていた――だが家族の手に届いたのはほんのわずかだった。

重労働収容所の状況は非人間的なものだった。収容者はアイデンティティを失い、看守や犯罪者の囚人たちに支配された。食物の配給は乏しく、労働で消費されるカロリーに満たなかった。人々は衰弱し、下痢、壊血病、その他の病気で動けなくなった。冬は耐えがたいほど寒く、最初の冬を生き延びることができなかった人は多い。一九四一年に強制移住させられて重労働収容所に送られた人々のうち、のちにラトビアに帰ることができたのはほんのわずかだった。

同じ日の夜に、エストニアから約一万一千人、リトアニアから約二万一千人が強制移住させられた。これらは占領者によってバルト諸国で行われた集団強制移住の最初のものにすぎない。発

見された文書によれば、数回の強制移住の計画があり、その目的は、ソ連の占領に抵抗する民衆の力を破壊することにあった。》

なぜ、ソ連はこんなことをしたのか。《ソ連の占領に抵抗する民衆の力を破壊する》ためでした。ソ連に逆らう人々はすべて殺せ。そのためにスパイ防止法が使われたわけです。

このようにソ連、共産主義国家においてインテリジェンス機関は、何よりも自国民を監視し、自国民の中にスパイを送り込み、自国民を政治犯として逮捕し、収容所に送る「人権弾圧組織」であったのです。

「早くスパイ防止法を制定してスパイを取り締まれるようにすべきだ」と主張する人がいますが、ソ連を含む共産主義国家では、まさにこのスパイ防止法に基づいて、インテリジェンス機関が、政府を批判した一般の庶民たちを逮捕し、収容所に送り、殺したのです。

自由主義、議会制民主主義の国だからこそ、スパイ防止法もインテリジェンス機関も、まともに運用されるのであって、共産党に権力を握られたら、スパイ防止法は国民弾圧法になり、インテリジェンス機関は、国民弾圧機関に変貌してしまうのです。その危険性をよくよく理解しないと、文字通り「墓穴を掘る」ことになりかねないのです。

こうした外国の事例を踏まえるならば、本格的に対外インテリジェンス機関を創設し、スパイ防止法を制定する際に、絶対に共産党などを政権に入れないようにする、何らかの手立てでも同時に講じておかないといけないのです。こうした観点からポーランドやハンガリー、ドイツなどでは、共産党は非合法化されているわけです。

よって「**ソ連・共産党の影響下に入ってしまうと、言論の自由もなくなり、スパイ防止法に基づいて国民は徹底的に弾圧される**」ということを是非とも理解しておきたいものです。

なお、敢えて附言しておきますが、バルト三国は、旧ソ連による占領と人権弾圧など問題視しているのであって、現在のロシア政府を批判しているわけではありません。あくまでもソ連占領下の弾圧は、共産主義イデオロギーから来るものであって、民主主義制度を採用したロシアとは無関係だとしているからです。

ただ、これは建前で実際は、大国ロシアに対してバルト三国はあまりにも小さく、軍事的に抵抗することは困難です。しかもソ連邦から独立を回復した際に、バルト三国には多くのロシア系住民がそのまま残り、定住しているのです。

そのため、正面からロシアを批判するわけにはいかないため、敢えて旧ソ連と共産党一党独裁体制の犯罪だけを問題視しているわけです。

ヤルタの裏切り――大国の美辞麗句を信じるな

話をもとに戻しましょう。

このようなバルト三国の悲劇は一九三九年八月の独ソ「秘密議定書」に基づいてソ連から侵略されたことに始まりました。

よってバルト三国は、ソ連とナチス・ドイツの戦争責任を激しく追及しているのですが、その追及の矛先は、ソ連の侵略を容認した英米諸国にも向けられています。

ナチス・ドイツとソ連によって占領された時代に何があったのかを克明に展示している「ラトビア占領博物館」ですが、その展示の中で特に目を惹いたのは、一九四一年八月、アメリカのルーズヴェルト大統領とイギリスのチャーチル首相が発表した大西洋憲章に関する展示でした。そこにはこう記されてありました。

《ドイツ降伏後、ラトビアの人たちは、一九四一年八月十四日に出された、自己決定権を謳《うた》う大西洋憲章が西側諸国によってラトビアにも適用されると期待した。だが、一九四四年夏にラトビアはソ連によって再び侵略され、一九四五年以降も実に四十七年間もソ連によって占領されることになった。》（要旨）

これは強烈な皮肉です。「領土変更における関係国の人民の意思の尊重」などを謳った大西洋憲章では領土の変更も認めていません。

そこでアメリカ、イギリスは大西洋憲章に基づいて、ラトビアの独立を支持すべきであったにもかかわらず、一九四五年二月、ヤルタ会談においてソ連による侵略、不法占領を黙認してしまったのです。

こうした「ヤルタの裏切り」に対してラトビアは、ナチス・ドイツとソ連の戦争犯罪、そしてそのソ連と共謀してラトビアの自由をスターリンに売り渡したルーズヴェルトとチャーチルの責任を追及しているのです。

同じような展示は、エストニアの古都タルトゥに建てられているKGB監獄博物館などでも見られました。

「リトアニア住民のジェノサイドとレジスタンス調査センター」で購入したKGBジェノサイド博物館編著『戦争と戦後　一九四四年から一九五三年の間にリトアニアで展開された反ソ・レジスタンス』（The Museum of Genocide Victims, *War after War: Armed Anti-Soviet Resistance in Lithuania in 1944-1953*、未邦訳）も「大西洋憲章とヤルタ会談」と題して、次のように指摘しています。

《ほとんどのパルチザン（リトアニアにおける反ソ・レジスタンスのメンバーたち）が、一九四一年八月十四日にウィンストン・チャーチルとフランクリン・D・ルーズヴェルトが署名した大西洋憲章を無条件に信じていた。大西洋憲章は、戦争中に独立を失った国々の権利を強調していた。

パルチザンは、ヤルタ会談で連合国が合意した協定について何も知らなかった。その協定は、ソ連が占領した国で全体主義的な体制を敷くことを実際に承認するものだった。》

アメリカとイギリスが発した「大西洋憲章」を信じて、ソ連軍と戦っていたバルト三国の人たちは、英米両国によって裏切られ、祖国の自由を喪ったのだと主張しているのです。

ここで大事なことは、だから「英米が悪い」とだけ言っているわけではない、ということです。バルト三国は、「大国の美辞麗句を信じたりしたら大変なことになるぞ、必死に大国の動向を調査し、自分の国の自由を守ろうとしない限り自由を守ることはできないぞ」ということを訴えているのです。

大国を信用するな。必死で大国の動向を調べ、大国に工作を仕掛けなければ、自分の国の独立は守れない。何もしなければ、アメリカは我々を守ってくれるはずがないと思っているのです。よってソ連のインテリジェンス機関によって弾圧されてきたにもかかわらず、バルト三国は、インテリジェンスを重視しているのです。

日米安保条約があるから、いざというときは米軍が助けに来てくれると思い込んで、同盟国アメリカの内情を徹底的に調べるインテリジェンス機関すら創設しない日本とは全く違うのです。よって、インテリジェンス活動を重視し、「**必死で大国の動向を調べ、大国に工作を仕掛けなければ、自分の国の独立は守れない**」ということも理解しておきたいものです。この教訓については、次章のポーランドのところで更に詳しくみたいと思います。

余談ですが、こうしたバルト三国による「ルーズヴェルト批判」があったからでしょう。二〇〇五年五月七日、アメリカのジョージ・ブッシュ大統領（共和党）はラトビアの首都リガで演説し、第二次大戦後、ソ連によるバルト併合や東欧支配をもたらしたルーズヴェルト民主党政権によるヤルタ合意を「史上最大の過ちの一つ」と認め、「安定のため小国の自由を犠牲にした試みは反対に欧州を分断し不安定化をもたらす結果を招いた」と謝罪しました。バルト三国の動向は、アメリカ政治を動かすぐらい影響力があるということになります。

このようにナチス・ドイツとソ連の責任を追及するバルト三国ですが、ソ連と戦った日本には好意的です。

例えば、ラトビアの占領博物館の近くには、軍事博物館があり、そこには日の丸の旗が飾ってあります。前述したように第二次世界大戦後、多くのラトビア人たちがソ連によってシベリア、

ラトビア軍事博物館に展示されている「日の丸」

樺太に送られ、強制労働をさせられました。その時、同じくシベリア、樺太に抑留された日本人たちと知り合いになり、プレゼントされた日章旗を本国に持ち帰ったそうです。

そして一九九一年の独立回復後にラトビアは、ソ連に苦しめられながらも互いに助け合った日本人たちは味方であるということから、日の丸を飾ってくれているのです。

日本は、韓国や北朝鮮、中国ばかりを見て、これらの国々とばかりやりあっています。こうした国々に対抗することは大切ですが、同時にソ連に苦しめられたバルト三国のような味方がいて、これらの国が「ソ連こそ侵略国家だ」と懸命に訴えていることも覚えておきたいものです。

第3章

同盟国を盲信するな
——ポーランドの悲劇

二〇一八年はポーランド独立回復百年

二〇一八年五月十九日から二十八日まで八泊十日でポーランドに行ってきました。

ポーランドは、ヨーロッパの国で、どちらかというとロシアに近く、中欧諸国の一つと呼ばれていて、実に美しい国です。

ポーランドは二〇一八年が、独立回復百年にあたり、翌年二〇一九年は日本とポーランドの国交樹立百年にあたりました。ところがポーランドに対する日本人のイメージと言えば、「作曲家のショパン」と、ドイツによるユダヤ人虐殺の「アウシュビッツ」の二つぐらいと言われています。

ポーランドは世界でもトップクラスの親日国で、日本の東京大学にあたるワルシャワ大学にはヨーロッパ有数の日本語学科があり、日本研究のトップランナーなのです。街並みは絵画のように美しく、治安も良く、料理も美味しく、何よりも長い歴史と伝統を持つため、素晴らしい歴史的遺産が数多く存在します。

国交樹立百年を翌年控え、日本の皆さんにもっとポーランドの良さを知ってもらいたい。こう考えたポーランド政府「広報文化センター」の支援を得て、ノンフィクション作家の河添《かわそえ》恵子先生と共にポーランド・ツアーに参加させてもらったのです。貴重な体験をさせてもらった河添先生には心より感謝しています。

成田空港からポーランドの首都ワルシャワの空港までは直行便で十一時間半ぐらいかかります。このワルシャワの中心部には、無名戦士の墓があります。

この無名戦士の墓があるピウスツキ広場を訪問した五月二十六日、小雨が降っていましたが、ポーランド軍の若い軍人さんたちが並んで拝礼をしていました。どこの国でもそうですが、国のために命を捧げた軍人たちに敬意を表することは極めて重要な儀式なのです。

無名戦士の墓は、二人の軍人が直立不動で守っており、多くの市民や観光客が参拝に訪れていました。この広場の名前は、ポーランド共和国建国の父と呼ばれるヨゼフ・ピウスツキ元帥からとられています。この広場を見渡すように、広場の角にはピウスツキ元帥の銅像が立っています。ソ連邦から離脱したのち、一九九五年に建立されました。

ポーランドで大変尊敬されているピウスツキ元帥ですが、実は日露戦争のときはわざわざ日本を訪問しているのです。

ピウスツキ元帥の銅像

国歌「ポーランド未だ滅びず」

ポーランドは十世紀頃からポーランド公国として登場し、豊かな土壌のため繁栄を続けてきましたが、一七九五年、ロシア、プロイセン（ドイツ）、オーストリアの三国によって分割され、滅んでしまいました。ですが、その後も、ポーランド人たちは各地に分散し、独立運動を続けました。

十九世紀には、二度にわたってロシアから独立するための武装蜂起を企てましたが、二回とも失敗し、その指導者の多くが政治犯として処刑されたり、シベリアなどに流されたりしました。にもかかわらず、ポーランドの志士たちとその子孫は屈しませんでした。一九二六年にポーランド共和国の国歌に決定した「ドンブロフスキのマズルカ」は、十八世紀から欧州各地に亡命したポーランド志士の間で歌われてきた軍歌で、別名は「ポーランド未だ滅びず」です。

ポーランドは未だ滅びず、
我らが生きるかぎり。
同盟軍が我らから取り上げたものを、
我らはサーベルで取り戻す。
（リフレイン　２回）

行進、行進、ドンブロフスキ、
イタリアからポーランドまで
あなたの指揮下で
我らは再び国民となる。
我らはヴィスワ川とヴァルタ川を渡り
ポーランド人とならん。
ボナパルトは我らに例を与えり
いかにして勝つかの
（リフレイン２回）
チャルニエッキはポズナンへと戻った
スウェーデンの占領の後に、
我らの祖国を救うために
我らもまた海を渡り帰って来ん。
（リフレイン２回）
ある父は、涙して、
彼の娘バーシアに言う

「聞くがよい、我らが息子たちは
タラバン軍鼓を打ち鳴らしているという」。
（リフレイン 2回）

独立を失い、国家を失って流浪の民になったにもかかわらず、ポーランドの人々は欧州各地でこの軍歌を歌い継ぎ、独立を取り戻そうと何度も何度も決起し、失敗し、ロシア帝国によって弾圧されてきたのです。だが、それでも屈せずに独立を取り戻そうとしたのです。領土を失っても「未だ滅びず」と歌い続けたポーランドの不屈の精神には感動させられます。

そんな「亡国の民」ポーランドの志士たちが注目したのが、一九〇四年二月に始まった日露戦争でロシアに立ち向かった日本だったのです。

日露戦争の勝利がアジア・アフリカの諸民族に勇気を与えた

一九〇五年、日露戦争に勝利した日本は当時、欧米列強の支配に苦しんでいたアジア・アフリカの諸民族に大きな勇気を与えました。

例えば、インドの初代総理大臣となったジャワハルラル・ネルーは、次のように書き残しています。

「日本の戦勝は（当時十六歳であった）私の熱狂を沸き立たせ、新しいニュースを見るため、毎日、新聞を待ち焦がれた。相当のお金をかけて日本に関する書籍を沢山買い込んで読もうと努めた。（中略）私の頭はナショナリスティックの意識で一杯になった。インドをヨーロッパの隷属から救い出すことに想いを馳せた」

「アジアの一国である日本の勝利は、アジアのすべての国々に大きな影響を与えた。ヨーロッパの一大強国が敗れた。とすればアジアは、昔度々そういうことがあったように、今でもヨーロッパを打ち破ることができるはずだ。ナショナリズムは急速に東方諸国に広がり、『アジア人のアジア』の叫びが起こった。日本の勝利は、アジアにとっては偉大な救いであった」

インドは十六世紀以降、イギリスの植民地支配を受けていましたが、日露戦争後、インドの独立を志す青年たちが次々に日本を訪れました。インドだけではありません。ベトナムやミャンマー、フィリピンなどからも次々と独立の志士が日本にやってきたのです。

日本軍への協力を提案したポーランド

日露戦争によって勇気を与えられたのは、アジア・アフリカの諸民族だけではありませんでした。ポーランドもまた、日露戦争で日本に注目をしたのです。

当時、ポーランド独立運動には、「ポーランド社会党」、「民族連盟」などがあり、日露戦争を戦う日本と連携しようと、その指導者たちが相次いで日本を訪問したのです。

河添恵子先生の名著『世界はこれほど日本が好き』（祥伝社）を参考に、その動きを紹介したいと思います。

まず民族連盟のロマン・ドモフスキが一九〇四年五月十五日から七月二十二日まで日本に滞在し、参謀本部の児玉源太郎らと面会して、ポーランド情勢に関する二通の覚書を作成しています。次いで社会党のピウスツキらが七月十日に来日し、参謀本部の関係者と討議しています。その際、ピウスツキは、日本側にこう訴えたといいます。

①ロシアは大国であるけれど、宗教的・文化的に多様な諸民族の寄せ集めであり、ロシア化政策に苦しむそれら諸民族は強力な反対派を形成し、機をとらえてロシア帝国を崩壊させようとしていること。

②ポーランド人はロシア帝国内の被支配民族の中で最大の人口を有し、フィンランドと並んで最も文化的であり、商人、技師、手工業者、さらには官吏や軍の将校にもなっていること。

③ポーランド人は諸民族の中でも政治的野心が旺盛で、一世紀に及ぶロシアとの戦いを交えていること。

④ポーランドにおける革命運動は、現段階ですでに組織化された一大勢力を成していること。

こうした認識のもと、ピウスツキは日本軍のためのポーランド人軍隊を招募することまで提案してくれたのです。

この提案に対して、ロシア革命工作を仕掛けていた明石元二郎らは「ロシアのアキレス腱は民族問題」「欧州における後方攪乱《かくらん》工作が、ロシアの弱体化に有効」と考えて、武器・弾薬の購入資金をポーランド社会党に提供し、それと引き換えにロシア軍の動向や社会情勢についての情報を定期的に日本側に提供してもらっていたのです。

日露戦争勝利後の一九〇八年、ピウスツキは後のポーランド軍となる私設軍隊を創設し、第一次世界大戦とレーニン率いるロシア革命によってロシア帝国が弱体化する中、アメリカのウィルソン大統領がヴェルサイユ会議でポーランドの独立を提案し、一九一八年、実に百二十三年ぶりにポーランドは独立を回復したのです。

この新生ポーランドにおいてピウスツキは国家主席兼最高司令官、軍事大臣、首相を歴任するなど「ポーランド共和国建国の父」と呼ばれています。

ドイツのポーランド侵攻から始まった

ところが、ポーランドの独立は僅か二十年余りしか続きませんでした。ナチス・ドイツとソ連

ヴェステルプラッテ戦没者慰霊碑

によってポーランドは滅ぼされたからです。

意外と分かっていない人が多いのですが、第二次世界大戦は、ドイツによるポーランド侵略から始まりました。

一九三九年九月一日未明、ポーランドの港町グダニスクを親善訪問中のドイツ巡洋艦シュレスヴィヒ・ホルシュタイン号がグダニスクの波止場ヴェステルプラッテに駐留するポーランド守備隊に突如として発砲を開始しました。

このヴェステルプラッテの戦いは九月一日から七日まで七日間続きました（九月三日に、イギリスとフランスがポーランド侵略に抗議してドイツに宣戦を布告し、第二次世界大戦が始まりました）。

ポーランド守備隊は百八十六名で、攻撃するドイツ軍は三千名だったので、ドイツ側は二日ほどで勝利できると思っていました。だが、ポーランド守備隊が予想以上に奮闘し、戦死者はポーランド側が十五名に対しドイツ側は五十一名にのぼりました。

このヴェステルプラッテには現在、戦没者慰霊碑と記念塔が建立されています。その慰霊碑には「神、名誉、祖国」の三文字が刻まれていて、私が訪問したときは、地元の小学生たちが多数、見学に来ていました。

ドイツのポーランド侵攻の僅か十六日後の九月十七日、今度はソ連軍が、ポーランドに在住する「ウクライナ人らの保護」を理由に東からポーランドを攻撃しました。

実は第二次世界大戦勃発前の八月二十三日、モスクワでドイツのヒトラーとソ連のスターリンは独ソ不可侵条約を結び、その秘密議定書でポーランド分割を決めていたのです。

このポーランド侵略の後、ソ連はフィンランドに侵攻し、その翌年にはエストニア、ラトビア、リトアニアのバルト三国も併合しました。かくしてソ連はナチス・ドイツと共に国際連盟から「侵略国」として除名処分を受けたのです。

一方、ドイツとソ連に国土を占領されたポーランドは、イギリスのロンドンに亡命政府を構築し、連合国の一員として戦いました。

よってポーランドにとってソ連は戦勝国などではなく、侵略国家なのです。そうした歴史観は二〇一七年、第二次大戦勃発の地グダニスクに建設された「第二次世界大戦博物館」に鮮明に打

ポーランド第二次世界大戦博物館。ソ連とナチス・ドイツに挟撃されたポーランド。

ち出されています。

この博物館は「第二次世界大戦は全体主義との戦いだった」という視点から、まずソ連の台頭と、スターリンのプロパガンダがいかにひどかったかを展示しています。

次にナチス・ドイツの台頭と脅威が描かれ、ソ連とドイツ、二つの全体主義国家に挟撃されたのがポーランドだ、という構成になっているのです。

ワルシャワ蜂起でのソ連の裏切り

第二次世界大戦当初は「英米＋ポーランド」対「ドイツ＋ソ連」という構図でした。ところが一九四一年六月、ドイツが独ソ不可侵条約を破棄し、ソ連に侵攻したのです。

ドイツの敵となったソ連は、イギリスら連合国の「味方」になっていきます。イギリスのチャーチルもアメリカのルーズヴェルトも当面の敵はヒトラー率いるドイツだと考え、ソ連と連携しようとしたからです。

微妙な立場に置かれたのが、ロンドンのポーランド亡命政府です。

その後、ヨーロッパ戦線では、ドイツが劣勢となり、ドイツが占領していたポーランドに、ソ連軍が侵攻していきます。

ポーランドの首都ワルシャワは第二次大戦開始以降、ナチス・ドイツに占領され、多くのポーランド市民が政治犯として逮捕、殺害されていました。また、ワルシャワ在住のユダヤ人の多くがアウシュビッツなどに送られ、殺害されていたため、ワルシャワでは、ナチスに対するレジスタンス（抵抗）運動が盛んになっていたのです。

一九四四年六月には、ソ連軍によるワルシャワ「解放」が目前となります。そして七月二十九日、モスクワ放送はポーランド語でワルシャワ市民に決起を促す声明を報じました。

《ワルシャワが既に砲声を耳にしていることは疑いない。ヒトラーの侵略者らに対して決して屈せず、闘いを続けてきたワルシャワに、既に活動の時が来たのだ》（渡辺克義『物語　ポーランドの歴史』中公新書）

三十一日夕方、ポーランド亡命政府軍ワルシャワ地域司令官アントニ・フルシチェルは、赤軍（ソ連軍）がワルシャワ東端に達していることを報告し、ソ連軍と呼応して武装蜂起することを決断しました。

そして八月一日夕方、ポーランド市民が主体のレジスタンスは、武器を手にドイツ軍と戦うワルシャワ蜂起を実行しました。ソ連軍と呼応して蜂起すれば、短期間でドイツ軍をワルシャワから追い出すことができると考えたのです。

しかし実際には、戦闘は二カ月に及び、二十万人余りの死者を出し、ワルシャワ蜂起は、ドイツ軍の勝利に終わりました。

レジスタンスに呼応してドイツ軍を攻撃してくれると期待していたのですが、ソ連軍は蜂起三日目からワルシャワ周辺での作戦を停止しました。ソ連はわざと、レジスタンスを見殺しにしたといわれます。

ワルシャワ蜂起博物館を見学した際、地元のガイドは「ワルシャワ蜂起の結果、九十万人だったワルシャワの人口は一千人に減りました。ワルシャワ全体がお墓なのです」と悲しそうに語っていた姿が忘れられません。

ルーズヴェルト大統領とチャーチル首相の背信

このワルシャワ蜂起の失敗によって有為のポーランドの青年たちが多数亡くなっただけでなく、「負け組」と見なされたためにロンドンのポーランド亡命政府は、チャーチル政権からの支持も失います。

英オックスフォード大学のアーチー・ブラウン名誉教授もその著『共産主義の興亡』（下斗米伸夫監訳、中央公論新社、二〇一二年）において、こう記しています。

《一九四四年、チャーチルは二つの間で引き裂かれていた。一方では、赤軍の英雄的な獅子《しし》奮迅への尊敬があり、さらにスターリンとうまくやっていきたいと願っていた。他方では連合国軍とともに戦うポーランド兵やパイロットをも尊敬していた。しかし、戦争の終局段階になると、チャーチルは亡命者グループの利害よりソ連の利益を優先した。》

ロンドンにあるポーランド亡命政府は、連合国のイギリスなどと共にドイツと勇敢に戦い、尊敬を勝ち得ていました。しかし、ワルシャワ蜂起の失敗とソ連の勝利を見たチャーチル政権は、同盟国ポーランドを見捨てる決断をしたのです。力こそすべてという冷厳な国際政治の論理が、ポーランドへの信義よりも優先されたわけです。

ブラウン名誉教授はこう続けます。

ポーランド第二次世界大戦博物館。ヤルタ会談でポーランドをソ連に売り渡したルーズヴェルトとチャーチルを批判する挿絵

《一九四四年十月の半ば、彼（チャーチル首相）はポーランドの亡命政府に厳然と向かい合い、カーゾン線がポーランドの東側国境になること、ソ連が支援するルブリンのポーランド人と五分五分の基礎で協力しなければならないことを受け入れるよう求めた。》

要は、ポーランドの東側の大半はソ連領とすることと、ポーランド共産党と連携することを認めるよう、チャーチルは要求したのです。

これを日米同盟に置き換えると、例えば中国共産党政権と軍事紛争になって日本の自衛隊が劣勢になった場合に、同盟国アメリカが、中国との停戦と引き換えに日本に対して、沖縄と九州は中国共産党政府の領土とし、かつ、日本共産党による連立政権を樹立するよう、日本政府に「通告」してきたようなものなのです。果たして、こうした想定は杞憂《きゆう》なのでしょうか。

さて、ポーランド亡命政府に対する無情な通告から僅か三ヵ月後の一九四五年二月、米英ソ三か国の首脳はヤルタ会談において、事実上、ポーランドをソ連の影響下に置くことに合意しました。

かくして第二次大戦後の一九四五年五月八日、ドイツの敗北に伴い、ソ連軍によって占領されたポーランドは、「戦勝国」のソ連の影響下に入ることを余儀なくされました。抵抗する市民を片っ端から逮捕し、刑務所に送り、処刑をしたナチス・ドイツによる占領は本当にひどいものでした。そのナチス・ドイツによる占領がようやく終わったと思ったら今度は、ドイツよりひどいソ連軍がやってきたのです。

しかもソ連は米英両国の了解のもと、ポーランドの東側の領土をソ連領に併合してしまいました（カーゾン線と呼ばれる）。日本で言えば、北海道と東北地方をソ連によって奪われたようなものです。ポーランド亡命政府は連合国の一員としてイギリスなど共にドイツと戦ったのですが、ルーズヴェルト大統領とチャーチル首相らの裏切りで国土を三分の一近く奪われ、自由も失ったのです。

ところが英オックスフォード大学のアーチー・ブラウン名誉教授は、チャーチル首相の「裏切り」について淡々と指摘をした上で、第二次世界大戦後、ポーランドなど東欧諸国がソ連の支配下に入ったことについて、こう指摘しているのです。

《第二次世界大戦後の東欧で共産党体制が確立した最重要の理由を一つ挙げるとするならば、ソ連軍がこの地域におけるナチス支配の幕引きに成功したことに尽きる。一九二七年、毛沢東は、共産党員たちに「権力は銃口から生まれる」と、のちに有名になる言葉を語った。どこでも普遍的に当てはまる格言ではないが、戦争直後の中・東欧には、十分に当てはまった。》

ナチス・ドイツを打ち破り、ナチスが占領した東欧諸国を解放したのは、ソ連でした。そのソ連が戦後、東欧諸国を支配下においたのはある意味、やむを得なかったのだと、チャーチル首相の判断を擁護しているわけです。

要は戦争になれば、勝利こそすべてとなる。しっかりした軍事力を持たないまま、同盟国を盲信していると、手痛い裏切りに遭う可能性がある。よって、しっかりした軍事力を持つとともに、常に敵だけでなく、味方、つまり同盟国の政治情勢についても徹底的に調べ、分析し、警戒を怠らないようにしておかないといけない。これがポーランドの「痛苦な反省」なのです。

「同盟国を盲信していると、手痛い裏切りに遭い、独立を喪うことになりかねない」ということも理解しておきたいものです。

第4章

ソ連の人権侵害と戦争責任を追及するヨーロッパ

冷戦終結を契機に見直される「戦勝国史観」

第二次世界大戦後、ソ連・共産主義の支配に苦しむポーランドでは、グダニスクのレーニン造船所の労働組合が中心となって一九八〇年に「連帯」が結成され、ローマ法王ヨハネ・パウロ二世らの支援を受けて民主化運動が始まりました。

そしてポーランドが自由を取り戻したのは、ソ連が崩壊した一九八九年のことでした。正確に言えば、一九八九年九月七日、第三共和国を樹立し、初代大統領にはヴォイチェフ・ヤルゼルスキ、2代目には連帯の指導者レフ・ワレサが就任しました。そして一九九三年、ロシア連邦軍がポーランドから撤退し、ソ連・ロシアの支配から完全に自由になったのです。

本書で紹介したバルト三国やポーランドの話を読んで、「どうしてこうしたことを知らなかったのか」と、怪訝に思われる方も多いと思います。

なぜバルト三国やポーランドの悲劇は知られてこなかったのか、ということです。

「占領政策によって押し付けられた自虐的な歴史教育や偏向マスコミのせいだ」といった声が聞こえてきそうですが、これは、日本だけの問題ではないのです。

前述したように第二次世界大戦中からソ連は、バルト三国やポーランドを含む東欧諸国を次々に占領するか、影響下に入れていきました。

そしてソ連軍によって軍事占領した国々（バルト三国やポーランド）やソ連の意を受けた共産党政権が樹立された国々（チェコやハンガリーなど）では、ＫＧＢとその手先となった各国共産党の秘密警察が徹底した言論弾圧と迫害をしたため、ソ連占領下で何が行われたのか、はっきりしたことが分からなかったのです。

現在、中国共産党政権がチベットやウイグルの人たちを弾圧していますが、その詳細がなかなか明らかにならないのと同じ構図です。

しかも第二次世界大戦の後半、イギリスやアメリカにとってソ連は同盟国でした。第二次世界大戦においてソ連は、ナチス・ドイツを打ち負かす上で大きな役割を果たしました。ある意味、ソ連のおかげでナチス・ドイツとの戦いに勝利できたわけです。

このため一九四五年二月のヤルタ会談でも、ルーズヴェルト大統領やイギリスのチャーチル首相は、ソ連に大きく譲歩せざるを得なかったという側面があるのです。

第二次世界大戦が終結した時点でも、ソ連は同盟国でした。このため英米仏は、ドイツと日本の「戦争犯罪」を裁くニュルンベルク裁判及び極東国際軍事裁判（東京裁判）においても、ソ連を「戦勝国」「正義」の側に位置付けたわけです。

このような事情があったため戦後も欧米では、ソ連の戦争犯罪にはあまり追及されてこなかっ

ハンガリー「恐怖の館」。ソ連による占領と人権弾圧の実態などを展示している。

たのです。

「ソ連を戦勝国と見做《みな》す戦勝国史観は間違っているのではないのか」。こうした議論がヨーロッパで起こったのは、今から三十年近く前です。きっかけは一九八九年十一月九日、ドイツのベルリンの壁崩壊に代表される、東西冷戦の終結です。

ベルリンの壁崩壊後、チェコ、ハンガリー、ポーランドなど旧東欧諸国の民主化、バルト三国の独立、そして一九九一年十二月のソ連邦の解体によって、旧東欧諸国やバルト三国の人々が言論の自由を取り戻しました。そのため第二次世界大戦中と戦後、ソ連と各国共産党、特に秘密警察がいかにひどい人権弾圧を行ってきたのか、知られざる実態が明るみに出るようになったのです。

その実態を記録し、公表しようということで現在、ソ連によって苦しめられてきた旧東欧諸国やバルト三国などでは、ソ連や各国共産党の秘密警察による人権侵害などを告発する歴史博物館などが相次いで建設されているわけです。

ソ連を侵略国家だと批判した欧州議会

この旧東欧諸国の動きは、欧州全体に広がっています。

ソ連・共産主義体制の「犯罪」を語り継いでいくことが、ヨーロッパの未来にとって重要だ。こうした認識のもと、第二次世界大戦勃発八十年にあたる二〇一九年九月十九日、欧州連合（EU）の一組織である欧州議会は「欧州の未来に向けた欧州の記憶の重要性に関する決議（European Parliament resolution of 19 September 2019 on the importance of European remembrance for the future of Europe）」を採択しました。

この決議では、次のような歴史認識が示されています。

《第二次世界大戦は前例のないレベルの人的苦痛と欧州諸国の占領とをその後数十年にわたってもたらしたが、今年はその勃発から八十周年にあたる。

八十年前の八月二十三日、共産主義のソ連とナチス・ドイツがモロトフ・リッベントロップ協定と呼ばれる不可侵条約を締結し、その秘密議定書で欧州とこれら二つの全体主義体制に挟まれた独立諸国の領土とを分割して、彼らの権益圏内に組み込み、第二次世界大戦勃発への道を開いた。》

なんと欧州議会が、「ソ連も侵略国家だ」と決議したのです。これは近現代史をめぐる歴史観の転換を意味します。

実際、ソ連は第二次世界大戦中、ヨーロッパ各国を侵略・占領しました。決議はこう指摘しています。

《モロトフ・リッベントロップ協定と、それに続く一九三九年九月二十八日の独ソ境界・友好条約の直接の帰結として、ポーランド共和国はまずヒトラーに、また二週間後にはスターリンに侵略されて独立を奪われ、ポーランド国民にとって前例のない悲劇となった。

共産主義のソ連は一九三九年十一月三十日にフィンランドに対して侵略戦争を開始し、一九四〇年六月にはルーマニアの一部を占領・併合して一切返還せず、独立共和国たるリトアニア、ラトビア、エストニアを併合した。》

ソ連の侵略は、戦後も続きました。

《第二次世界大戦終結のあと、一部の欧州諸国は再建して和解へのプロセスに踏み出すことができた一方で、幾つかの欧州諸国は独裁体制のもとに残って、一部はソ連の直接占領や影響下に置かれ、自由、独立、尊厳、人権および社会経済的発展を半世紀の間、奪われ続けた。》

前述してきたように戦時中にソ連に占領されたポーランドやエストニア、ラトビア、リトアニアというバルト三国では、知識人の処刑、略奪・暴行、シベリアなどでの強制労働などが横行しました。

しかも第二次世界大戦後、ソ連に占領された、これらの国々は自由を取り戻すはずでしたが、実際はソ連の武力を背景に共産党政権が樹立され、ソ連の衛星国になってしまったのです。バルト三国に至っては、ソ連に併合され、独立を失ってしまいました。日本もソ連によって千島列島、北方領土を軍事占領され、奪われましたが、バルト三国などは「独立」そのものを奪われたのです。

そしてソ連の衛星国になった旧東欧諸国やバルト三国では、一九九一年まで実に戦後四十七年間も、以下のような人権侵害が横行したのです。

・共産党のもとに作られた秘密警察が、ソ連と共産党に歯向かう人々を片っ端から逮捕し、政治犯として処罰した。
・占領地の食糧や財産を強奪し、各地に深刻な飢餓をもたらした。
・占領地の文化を無視し、「ソ連化」という名目でロシア語の使用の義務化、共産主義イデオロギー教育の強制と現地の文化や慣習の放棄、キリスト教会への弾圧などを推進した。
・各国にロシア人が移住し、主要な企業や土地、鉱山資源などを独占し、現地の人々を支配下においた。
・密告を奨励し、住民相互の監視体制を構築して、自宅でソ連や共産主義の批判を口にした人物も逮捕するほどの徹底した監視社会を築いた。

しかし、ソ連のこうした戦時中と戦後の戦争犯罪は追及されてきませんでした。よって欧州議会決議はこう指摘しています。

《ナチスの犯罪はニュルンベルク裁判で審査され罰せられたものの、スターリニズムや他の独裁体制の犯罪への認識を高め、教訓的評価を行い、法的調査を行う喫緊の必要性が依然としてあ

る。》

ソ連・共産主義体制による人権弾圧について徹底的に調査し、共産主義体制がいかに危険なものなのかを、ヨーロッパの人々に積極的に伝えるべきだと提案しているのです。

本書で紹介したバルト三国やポーランドの話は決して私の独断なのではなく、欧州議会そのものが認めていることなのです。

ソ連・共産主義と闘う「自由主義」

そもそも欧州統合は、ナチス・ドイツとソ連・共産主義体制という二つの全体主義から、自由と民主主義を守るために生まれた動きでした。

この欧州統合は、次のような形で展開してきました。

一九四九年、イギリス、フランスなど十か国によって「欧州評議会」創設

一九四九年、アメリカを中心とした軍事同盟「北大西洋条約機構」（ＮＡＴＯ）創設

一九五一年、「欧州石炭鉄鋼共同体」創設

一九五七年、「欧州経済共同体」創設

一九六〇年、「欧州自由貿易連合」創設
一九六七年、「欧州諸共同体」（ＥＣ）に発展統合
一九七三年、「欧州安全保障協力機構」創設
一九九三年、「欧州連合」（ＥＵ）に発展統合

こうした欧州統合の背景には、ナチス・ドイツへの反省と、ソ連という全体主義国家の脅威に共同で立ち向かわなければならない、という危機感があったのです。

《欧州の統合は始めから、二つの世界大戦によって引き起こされた苦しみと、ホロコーストをもたらしたナチスの圧政と、中欧・東欧への全体主義的で非民主的な共産主義体制の拡大への対応であったし、欧州における深刻な分断と敵意を協力と統合によって乗り越えて、欧州において戦争を終わらせ民主主義を守る方法であった。》

実際にソ連に併合され、独立を失ったバルト三国は、ナチス・ドイツとソ連によるモロトフ・リッベントロップ協定に抗議することから、ソ連からの独立、民主化運動を始めたとして、こう指摘しています。

《三十年前の一九八九年八月二十三日に、二百万人のリトアニア人・ラトビア人・エストニア人がヴィリニュスからリガを経由してタリンまで手をつないで人間の鎖を作った「バルトの道」という史上例のない意思表示を行い、モロトフ・リッベントロップ協定五十周年を記念し全体主義体制の犠牲者追悼を行った。》

よって二つの全体主義による「犯罪」を記憶として残すことが重要だとして、こう指摘しているのです。

《全体主義体制の犠牲者を記憶し、共産主義者・ナチス及び他の独裁体制によって行われた犯罪という欧州共通の遺産を認識して関心を高めることが、欧州及びその人々の統合にとって、また、現在の外的脅威に対する欧州の抵抗力をつけるために決定的に重要である。》

では何故いま、ソ連・共産主義の犯罪を問題にするのでしょうか。

それは現在のロシアがソ連・共産主義の「犯罪」を正当化しようとしているからです。決議はこう批判しています。

《ソ連人民代議員大会が一九八九年十二月二十四日に、モロトフ・リッベントロップ協定締結及びその他のナチスとの間で結んだ協約を非難したにもかかわらず、二〇一九年八月にロシア政府当局者は、このモロトフ・リッベントロップ協定とその結果に対する責任を否定し、真に第二次世界大戦を引き起こしたのはポーランド、バルト諸国および西側であるという見解を現在広めつつある。》

よって決議では《全体主義的共産主義体制及びナチス体制が行った犯罪と侵略行為に関して明確かつ原則に基づいた評価を行うことをすべての加盟国に求める》として、次のようなことを加盟国に求めているのです。

《全体主義体制の被害者のため八月二十三日を欧州追悼の日として、欧州連合と国レベルの両方で記念すること。》
《欧州連合のすべての学校のカリキュラムと教科書に全体主義体制の帰結の歴史と分析を含めることによって、これらの問題に対する若い世代の関心を高めること。》
《加盟国の歴史的記憶と追悼のプロジェクトや、「欧州の記憶と良心のプラットフォーム」（注・

全体主義や共産主義を研究する非政府組織）の活動に対して有効な支援を行うこと。》
《現在のロシア指導層が歴史的事実を歪めてソビエト全体主義体制が犯した犯罪を糊塗しようとする努力を深く憂慮し、そのような努力は欧州の分断を目的として行われている民主的欧州に対する情報戦の危険な要素であると考える。それゆえ、欧州委員会がこうした努力に対して断固として対抗することを求める。》

現在のロシアがソ連・共産主義体制の「戦争犯罪」「人権弾圧」を正当化し、ヨーロッパ各国で宣伝工作を仕掛けていることを十分に理解したうえで、ヨーロッパ各国が自国において二つの全体主義の問題点を徹底的に伝えることが自由と人権、民主主義を守るためにも必要だ、ということです。

それには二つの意味があります。

対外的には、ロシアの軍事的脅威、秘密工作の脅威から、ヨーロッパの自由と人権を守るためです。そのためには、ロシアの秘密工作を調べ、それに対応するインテリジェンスの闘いが重要になってくるということです。

もう一つは、ヨーロッパ諸国自身が、ソ連や中国共産党政権、そして北朝鮮のような共産党一党独裁の政治体制になってしまえば、インテリジェンス機関も警察も、国民を弾圧する道具になってしまうからです。

よって、二つの全体主義の危険性を理解し、一見、非効率的で、不満足な政治制度であっても自由と人権、民主主義を尊重する世論を構築することこそが、ヨーロッパの将来を守ることだと思っているのです。

この欧州議会の動きから学ぶべきことは、**「国際共産主義との闘いは終わっていない。冷戦後の現在でもソ連・国際共産主義の秘密工作、人権侵害と闘うことが自由と人権、民主主義を守ることだ」**ということです。

第5章

国際共産主義と闘い続けた日本

ソ連・コミンテルンに代表される国際共産主義運動と闘うためにヨーロッパ諸国が苦闘してきたことを紹介してきました。日本もまた、この国際共産主義運動との闘いを強いられてきました。強いられてきたどころか、国際共産主義運動と日本の対外インテリジェンス機関との関係は文字通り、不即不離の関係なのです。

幸いなことに、令和元年（二〇一九年）九月、国家安全保障局局長に就任した北村滋氏が平成二十六年発行の『講座 警察法』第三巻（立花書房）に収められた「外事警察史素描」という論文で、外国のスパイ活動を取り締まる「外事警察」の歴史について論じています。

拙著『日本外務省はソ連の対米工作を知っていた』（育鵬社）と多少重なるところもありますが、この北村論文を踏まえながら、外事警察を中心に日本のインテリジェンス機関の歴史について振り返っておきたいと思います。

明治三十二年に外事警察が創設

江戸時代、日本は鎖国をしていたので、長崎の出島を中心としたごく一部の地域を除き、外国人が日本国内を自由に往来するというのはできませんでした。

しかし、幕末の開国によって横浜や神戸が開港すると、外国人居留地が増えて外国人が増大しました。同時に、尊皇攘夷《そんのうじょうい》運動の関係で外国人が付け狙われ、生麦事件や英国公使館焼き討ちなどの事件も増え、外国から膨大な賠償金を請求されました。

そこで、外国人をどう保護するのかということで専門部署が作られました。それが明治二年頃のことです。当時、外国人の警備は政府の「軍務官」が担当していたのですが、明治三年には、国内政策全般、治安維持を含めてすべてを統括する「内務省」が担当することになります。

この内務省において、外国人をきちんと保護する外事警察という基本的な考えができあがり、明治四年三月には東京警視庁に「外事係」が置かれ、程なく「外事課」と改称されました。

基本的に外国人は保護する対象であり、保護するためには、外国人がどう動いているのかを調べる必要があったのです。その頃は、まだスパイという発想はありませんでした。そもそも当時は欧米にも対外インテリジェンス機関がありませんでした。

しかし、蒸気機関による交通網の発達により外国との交流が増えていきます。外国との交易が増えていくなかで日本も外国との付き合いが増えていき、明治三十二年にようやく外国人スパイの取り締まりも担当する「外事警察」が創設されたのです。

先に紹介した北村氏の論文「外事警察史素描」では、その経緯について、次のように紹介されています。


《明治三二年は、日清戦争に勝利した我が国が、明治政府設立以来の悲願であった治外法権の完全撤廃を達成し、欧米列強に並び立つ独立主権国家として産声をあげた年であった。それは、同時に外事関係取締り法規が整備された年でもあった。》

この年、日英通商航海条約の締結により、治外法権の完全撤廃が達成されたのです。治外法権が撤廃されたということは、外国人に対する裁判権を取り戻したということを意味しています。それは逆にいえば、外国人の不法行為をきちんと独立国家として裁くことができるようになったことを意味しています。

それまでは、外国人の不法行為も治外法権だから裁けない場合がありました。しかし、治外法権を完全に撤廃したことで、外国人に対する裁判がきちんとできるようになったのです。

明治二十三年（一八九〇年）の大日本帝国憲法の公布によって、近代国家としての政治の仕組みが定まり、行政の仕組みも格段に整備されるようになりました。地方の警察制度も整い、中央政府による治安維持も行き渡るようになったのです。同時に軍事基地も全国各地にできるようになりました。

日本各地に陸軍と海軍の基地ができるようになると、沿岸警備の必要性も高まります。というより、海軍基地が整ったので沿岸警備もできるようになったのです。そして、その海軍基地の機密を守るために明治三十二年（一八九九年）七月、「測量、模写、撮影」の禁止など、海軍基地と沿岸に関する情報を守るための「要塞地帯法」が制定されました。

同年には、軍事上の機密の保持を目的とする「軍事機密保護法」も制定されています。この軍機保護法は、事実上のスパイ防止法といえます。この軍機保護法と要塞地帯法という二つの法律に基づいて我が国の外交、軍事機密に対するスパイ活動を取り締まるようになっていきます。

清国、つまり中国との日清戦争は明治二十七年（一八九四年）から二十八年（一八九五年）にかけて行われましたが、その当時の日本政府は、軍艦でさえアルゼンチンやイギリスから買っていたほどで、海軍といってもまだまだだったのです。

ロシア革命を契機に対外情報機関は拡充へ

日本が自前の海軍を持ってきちんと対応できるようになったのは明治三十七年（一九〇四年）に始まった日露戦争からです。日露戦争の前、つまり日清戦争に勝ってある程度資金的な余裕ができ、軍事力の強化を図る中で守るべき機密というものがあっちこっちにできてきたわけです。

しかも、外国人も増えてきていたので、この法律に基づいて外国のスパイを取り締まろうという状況が生まれたのです。

ただし実際のところは、警察のマンパワーが十分とはいえませんでした。首都東京の治安を担当する警視庁ですら、明治三十年（一八九七年）当時、外事警察を担当する総監官房第二課というのは、担当官が一人もしくは二人だったようです。

一方、アメリカにおいて、外国人スパイの取り締まりを含む治安維持を担当する連邦捜査局、いわゆるＦＢＩの前身である捜査局（ＢＯＩ）が設置されたのが明治四十一年（一九〇八年）です。イギリスに、秘密情報部（ＳＩＳ、通称ＭＩ６）ができたのも明治四十一年（一九〇八年）頃と言われていて、世界的に見ても対外情報機関というのは二十世紀になってからのものなのです。

ＦＢＩが本格的に動き始めたのは一九二〇年代からで、第一次世界大戦後です。それまでアメリカでさえスパイを取り締まるためのきちんとした情報機関がなかったのです。

欧米諸国の間で対外情報機関が創設されたり、拡充されたりする契機となったのは、第一次世界大戦の勃発とその後のロシア革命です。先の北村氏の論文でも次のように記載されています。

《外事警察が機構面で充実を図られたのは、大正六年のロシア革命を契機とする。第一次世界大戦末期に出現したロシア革命は、各国の経済界、労働界に大きな影響を及ぼし、それが直接治安上の脅威となりつつあった。我が国においても「赤化思想」の流入を防止する必要性が痛感され、九年、内務省警保局に初めて外事課が設置され、また、地方庁でも、六年大阪・兵庫、七年警視庁・長崎、八年神奈川、一五年北海道にそれぞれ外事課が設置された。》

第一次世界大戦末期の大正六年（一九一七年）にロシア革命が起こり、その五年後の大正十一年（一九二二年）にはソビエト社会主義共和国連邦（以下「ソ連」）が成立します。

ソ連の指導者レーニンは、世界の共産化を目指しました。世界各国で軍事行動、つまり暴力革命によって政府を転覆し、世界共産化を目指したのです。そして実際に大正八年（一九一九年）にはコミンテルンを創設し、世界中で共産革命を起こそうと対外工作を開始したのです。

実際にこの工作に呼応してドイツなどで共産革命を目指した武装蜂起事件が起こりました。危機感を抱いた日本やアメリカ、イギリスなどの第一次世界大戦の連合国は、シベリア出兵に踏み切ります。そして、コミンテルン、国際共産主義運動に対応するために日本も大正九年（一九二〇年）、内務省警保局に「外事課」を新設しました。

中央政府だけでは、スパイに対応できないので、この「外事課」新設を受けて、大阪、兵庫、長崎、神奈川、北海道など外国人が入国する国際港に外事警察の拠点を作っていきます。外国人の入国管理、保護を行いながら、海外からの共産主義流入の監視も行ったのです。

このように日本の外事警察、情報機関が発展した背景には、国際共産主義運動の脅威があったわけです。逆にいうと、コミンテルンや国際共産主義運動の話をしなければ、日本のスパイ対策の歩みは理解できないわけです。

「特高警察」誕生の背景

ソ連・コミンテルンに強い警戒心を抱いていた日本ですが、大正十四年（一九二五年）、ソ連と国交を樹立します。これは、国境の安定、つまり日露講和条約（ポーツマス条約）の有効性再確認と漁業資源に関する条約の維持確認および改定が目的です。

ただし国交を樹立すると、ソ連が日本にどんどんスパイを送り込んでくることが予想されました。そこで、その対策として国交を樹立する前年の大正十三年（一九二四年）に、主要都道府県に「特別高等警察課」を設置したのです。

この特高警察によって共産主義スパイに対応しようとしたわけです。そして、全国の特高警察を統括する機関として内務省警保局に「保安課」が創設されました。この保安課が、国際共産主義運動や各国共産党の動向、日本共産党との関係などの情報収集と分析、そして対策を担当したのです。実はこの年、当時のウラジオストック、ハルピン、上海にも外事警察の支部が置かれました。ソ連・コミンテルンのアジアの活動拠点がウラジオストック、ハルピン、上海の三ヵ所だったからです。

その後も大正十四年（一九二五年）には、北京、広東、昭和三年（一九二八年）にはベルリン、昭和十三年（一九三八年）にはローマ、昭和十六年（一九四一年）にはサンフランシスコにそれぞれ外事警察の支部が設置されました。

この外事警察がさらに大きくなるきっかけとなったのが「支那事変」でした。支那事変によって、中国大陸にいる日本軍に膨大な軍事物資を送る必要が出てきました。そして軍事物資を送るということになると当然ながら、中国の港などでの取引が膨大に増加し、輸出入が増加します。そして輸出入が増加するということは必然的に外国人の出入りも激しくなり、その対応を迫られるようになったわけです。

また、支那事変の前後から、中国共産党とソ連によるスパイ活動が活発になっていることを当時の日本政府（内務省と陸軍）は掴んでおり、その対応も必要でした。

この外事警察と並行して、日本軍の対外情報収集・分析機能も強化されていきます。日本軍のインテリジェンスの進展については、小谷賢著『日本軍のインテリジェンス』（講談社選書メチエ）が詳しいので、ご一読をお勧めします。

この情報収集と分析に代表されるインテリジェンスについて、日本人はもともと得意な方だと言えます。

日本の場合、戦国時代から忍者の集団が存在して、戦国大名が情報収集とスパイの取り締まりを重視していたことは有名です。

倉山満先生が『工作員・西郷隆盛 謀略の幕末維新史』（講談社＋α新書）という本でも指摘されていますが、幕末の討幕運動で力を発揮した西郷隆盛もある意味、薩摩藩の情報機関の人間

（御庭番）だったわけで、日本はある意味、情報、インテリジェンスの先進国だったと言えなくもないわけです。

戦後、福田赳夫《ふくだたけお》総理らのもとで対アジア工作を担当していた中島慎三郎ASEANセンター理事長から伺った話なのですが、先の大戦でも、日本人のインテリジェンスが戦闘の勝利に大きく貢献していました。

たとえば、大東亜戦争のマレー・シンガポール作戦では、日本は、イギリス統治下のマレーでの電撃作戦で勝利しました。その勝利に貢献したのが、自転車による軍の移動、いわゆる銀輪部隊《ぎんりんぶたい》です。この銀輪部隊が可能だったのは、マレー半島の地形や道路の状況把握ができていたからです。つまり、日本軍が予めマレー半島にスパイを多数送り込み、地形調査や道路調査、軍事基地調査をやっていたからです。

そして、宗主国であるイギリスに、それを取り締まるだけの力、マンパワーが不足していたのです。たとえ法律があっても、人がいないと取り締まることができないということです。

スパイ防止法が制定されればそれで安心であるかのような意見も散見されますが、スパイ防止法は、それを運用できるマンパワーがあってこそ成り立つということも、極めて重要な視点です。是非とも覚えておいてください。

テロと拉致問題への対策がきっかけに

昭和二十年（一九四五年）八月、大東亜戦争で日本は敗北しました。

連合国は、ポツダム宣言にある「軍国主義的勢力を永久に排除」という一節に基づいて外事警察を廃止してしまいます。

正確に言うと、いわゆる人権指令に基づいて政治的警察の解体、特高警察、外事警察も全部解体されました。併せて軍機保護法や要塞地帯法など、スパイを取り締まる法律も全部廃止されてしまいました。

因みにこの「人権指令」の作成に関与したのがGHQにいた、ハーバート・ノーマンというカナダの外交官ですが、後にソ連のスパイだと批判され、自殺しています。

この敗戦後の日本を「共産化」すべく、スパイや協力者を日本に送り込んでいたのが、「戦勝国」だったソ連でした。

ソ連はアメリカのトルーマン政権と連携して日本の非武装化を進めるとともに、陰で日本共産党らに武器や資金を援助し、共産革命を起こそうとしていたのです。その詳細は拙著『日本占領と「敗戦革命」の危機』（PHP新書）に書きましたので、ここでは繰り返しませんが、日本も共産革命が起こる寸前まで追い込まれたのです。

幸いなことに、昭和天皇や吉田茂総理らがその危機に気づき、GHQ内部にいる反共派、その代表格が米軍のインテリジェンス部門のトップであったチャールズ・ウィロビーですが、こうしたGHQ内部の反共保守派と連携して日本共産化を防ごうとします。

当時のハリー・トルーマン民主党政権も、ヨーロッパでポーランド、チェコ、ハンガリーなどが次々にソ連の衛星国になっていくことに危機感を抱き、日本の共産化を阻止する方向へ、対日政策を転換します。いわゆる「逆コース」と呼ばれる政策転換の中でGHQも取り締まりの対象を、日本の「軍国主義者」から、「ソ連の同調者」へと変更するようになっていきます。

しかも、その「ソ連の同調者」を取り締まる出先機関として、改めて日本の警察の中に「公安課」を作らせたのです。それが現在の警察庁外事課や公安調査庁の前身です。ただし戦前の「軍機保護法」や「要塞地帯法」といった関連法は復活されませんでした。

復活した外事警察は、昭和二十九年（一九五四年）の「ラストボロフ事件」を筆頭に、ソ連に関連するスパイ事件については幾つかの大きな成果をあげていますが、その法的根拠となったのは、「出入国管理法」、「外国人登録法」、「関税法」などであったため、その処分は外国に比べて生ぬるいものにならざるを得ませんでした。

この外事警察の転機となったのが、二つの事件です。

一つは、日本赤軍への対応です。

昭和四十六年（一九七一年）に、共産主義革命を目指す「日本赤軍」というセクトが中東のレバノンで自動小銃の乱射事件を引き起こし、約百名の犠牲者を出しました。この「テルアビブ・ロッド空港乱射事件」を契機に、世界各地で活動する日本赤軍を始めとする極左グループに対応すべく、世界各国の治安機関との協力関係を強化せざるを得なくなり、外事警察は国際的な存在になっていきました。

もう一つが、北朝鮮による拉致事件です。

特に昭和六十二年（一九八七年）十一月に北朝鮮が引き起こした「大韓航空機爆破事件」では、その実行犯のひとり、金賢姫《キムヒョンヒ》という女性が、北朝鮮によって拉致された「李恩恵《リウネ》」と称する日本人から日本人化教育を受けた旨の供述を行ったことから、拉致問題が浮上しました。

この事件を契機に警察は、拉致問題について徹底的に調査し、昭和六十三年（一九八八年）三月、梶山静六国家公安委員会委員長が参議院予算委員会において、北朝鮮による拉致の疑いがあることを政府として初めて認める答弁を行いました。

この拉致問題の調査と解決のために、世界、特にアメリカを含む諸外国の治安機関と連携を進め、国際的なテロ事件に対応していくことになったわけです。

よって、スパイ防止法を含むスパイ取り締まりの体制を強化したいと思うならば、最低でも次の二点を踏まえておきたいものです。

第一に、戦前のソ連・コミンテルン、戦後の日本赤軍や北朝鮮問題と、すべて共産主義に関係してきます。つまり「**国際共産主義の脅威にどう対応するのかということと、外事警察、スパイ取り締まりとは不即不離の関係にある**」のです。よって少なくとも政治家の皆さんが、国際共産主義の問題点について、もっと関心を持つよう働きかけてほしいと思います。

第二に、スパイ取り締まりと、そのための対外インテリジェンス機関の体制強化は、日本赤軍とか、北朝鮮の拉致問題といった個別具体的で現実的な脅威、課題に取り組む中で発展してきました。言い換えれば、「**危機管理、テロ対策などへの世論の関心を高めることが結果的に、日本政府のインテリジェンス機能を高めていくことになる**」のです。

第6章

インテリジェンスを国策に生かす仕組み

国家安全保障会議の設立

前章では戦前の外事警察とその廃止、そして戦後の外事警察に代表される「スパイ取締り」と「外国の対日秘密工作、テロ防止」活動の歴史について紹介してきました。

実はスパイ取締りやテロ防止などは、インテリジェンスの一つではあっても全てではありません。

バルト三国やポーランドの箇所でも説明しましたが、敵国や同盟国がどのようなことを考えているのか、徹底的に情報を収集・分析することもまた、重要なインテリジェンスです。

第1章で、オックスフォード大学のマイケル・ハーマン教授の、インテリジェンスに関する三つの定義を引用しましたが、その第一番目が《国策、政策に役立てるために、国家ないしは国家機関に準ずる組織が集めた情報の内容》です。

インテリジェンス研究の専門家、小谷賢氏も、アメリカの対外インテリジェンス機関、CIAの定義をこう紹介しています。

《最も単純化すれば、インテリジェンスとは我々の世界に関する知識のことであり、アメリカの政策決定者にとって決定や行動の前提となるものである。》（小谷賢『インテリジェンス』ちくま

学芸文庫、二〇一二年）

アメリカでは、政府、政治家が国際社会、外交、通商政策など国策を判断するうえで、その前提となる「政策決定の根拠となる情報」のことも、インテリジェンスと呼んでいるわけです。

この「国策の根拠となる情報」という意味でのインテリジェンスについて戦前の日本政府や軍部は、必ずしも重要視してきませんでした。

外国のスパイを取り締まったり、相手国の軍事機密を盗んだりという意味でのスパイ工作については熱心だったのですが、相手の情報を収集し、自国の政策に活用するという意味でのインテリジェンスは必ずしも重視されていませんでした。

ストックホルム駐在陸軍武官の小野寺信がロンドンの亡命ポーランド参謀本部から、ヤルタ会談でソ連がドイツ降伏の三カ月後に対日参戦する密約を交わした情報を入手しました。昭和二十年（一九四五年）二月中旬ごろ、参謀本部あてに緊急電で伝えましたが、当時の日本政府はソ連仲介和平工作にのめりこんでいて、その情報は国策に生かされず、半年後、ソ連の侵攻を招いたことは有名です。

よって、せっかくインテリジェンス機関を充実させたところで、その情報を国策に生かすような仕組み、政権担当者の自覚がなければ、宝の持ち腐れとなってしまうわけです。

現在の日本には、内閣情報調査室、公安調査庁、警察庁警備局、外務省国際情報統括官組織、防衛省（自衛隊）など（ほかにも海上保安庁、財務省、金融庁、経産省がある）のインテリジェンス機関があって、インテリジェンス・コミュニティーと総称されています。

この情報を集約・分析し、国策に生かす政府機関を「国家安全保障会議」（NSC：National Security Council）と呼びます。内閣総理大臣が議長を務め、総務大臣、外務大臣、財務大臣、経済産業大臣、国土交通大臣、防衛大臣、内閣官房長官及び国家公安委員会委員長などがメンバーです。

なんと設立されたのは、平成二十五年（二〇一三年）、第二次安倍政権のときのことです。日本が独立を取り戻したのが一九五二年のことですから、実に六十一年もかかったわけです。

敗戦後、「大東亜戦争で敗北したのはインテリジェンス、情報を軽視したからだ」と言われてきましたが、その反省に基づいて日本政府の中にインテリジェンスに基づいて国策を定める政府機関を作るのに実に六十一年もかかったのです。

「敗戦の反省が足りない」と言わざるを得ません。

日本政府のトップシークレット

新設された「国家安全保障会議」のもとには、各省庁からインテリジェンスなどを担当する官僚が集められた国家安全保障局が新設されています。

選りすぐりの官僚たちが「国家安全保障局」において各省庁から情報を集め、省庁横断でその情報を「分析」し、安全保障に関わる国家戦略を、総理主導の「国家安全保障会議」で決定する。各省庁はその「国家戦略」のもとで政策を実行していく、という流れです。

この国家安全保障会議で審議する事項は、国家安全保障会議設置法第二条によると、以下のようなものです。

①国防の基本方針
②防衛計画の大綱
③前号の計画に関連する産業等の調整計画の大綱
④武力攻撃事態等又は存立危機事態への対処に関する基本的な方針
⑤武力攻撃事態等又は存立危機事態への対処に関する重要事項
⑥重要影響事態への対処に関する重要事項
⑦国際平和共同対処事態への対処に関する重要事項
⑧国際連合平和維持活動等に対する協力に関する法律
⑨自衛隊法第六章に規定する自衛隊の行動に関する重要事項

⑩国防に関する重要事項
⑪国家安全保障に関する外交政策及び防衛政策の基本方針並びにこれらの政策に関する重要事項
⑫重大緊急事態への対処に関する重要事項
⑬その他国家安全保障に関する重要事項

これらの項目を見ても、要するに防衛や安全保障についての国家戦略を審議し、決定するのは当然のことで、なんでそんなことを力説するのか、怪訝に思う方が大半でしょう。

しかし戦後、我が国には、省庁を横断して国家戦略を考える仕組みはなかったのです。各省庁がそれぞれにやるべきことをしていただけで、国家全体の総合的な戦略を考える仕組みが存在していなかったのです。「インテリジェンスに基づいて国策を決定する仕組み」以前に、国家戦略を考える仕組みが無かったのです。

もう一度、言います。

第二次安倍政権が平成二十五年（二〇一三年）に国家安全保障会議を創設するまで、国家全体の総合的な戦略を考える仕組みが存在していなかったのです。

戦後七十年近く、極論すれば、総理大臣が自分の思い付きで日本の政治のかじ取りをしていたのです。長期的な展望も国家としての戦略もなかったのです。

だから例えば、小泉純一郎総理は「郵政民営化」をしたいと言って自民党総裁に出馬し、勝利したので小泉政権として「郵政民営化」を成し遂げたのですが、それが日本の安全保障、防衛にどのような影響を与えるのか、ということはろくに検討していませんでした。況《いわん》や郵政民営化以外にも、安全保障の観点から着手しなければいけない課題、憲法改正を始めとする安全保障関連法の整備などは、まったく政治日程にのぼりませんでした。

ちょうど、小泉政権のころです。永田町の赤坂日枝《ひえ》神社の近くを歩いていたときのことです。アメリカのシンクタンクの人から、こう真顔で聞かれたことがあります。

「実は日本政府の中枢には、国家戦略を考える秘密の部門があって、したたかに対米戦略を検討しているんだろう」

僕は「何てことを聞くんだ。それは日本政府にとってはトップシークレット事項だぞ」と返事したあと、こう続けました。

「残念ながら、本当に国家戦略を検討する部門が日本には存在しないんだ。だから憲法改正をせずに、アメリカに我が国の安全を委ねていても平気なんだ」

「嘘だろう。実は、我々に隠しているだけで秘密の部門があるんだろう」としつこく喰い下がってきたので、「残念ながら本当にないんだ。だからこそ国家安全保障会議を創設しようという動きが永田町にもあるんだ」と答えると、本当に信じられないという顔をしてきました。

その後も、米軍関係者たちと話す機会がありましたが、オフレコの場になると、「日本には国家戦略がないというのは本当か」と聞かれることがあり、そのたびに「本当にないんだ」と答えざるを得ませんでした。それは独立国家として本当に恥ずかしいことでした。

外務省には、安全保障を総合的に検討する仕組みもなかった

日本政府の中には、総合的な国家戦略を考えるための「情報の収集及び分析の仕組み」もありませんでした。

情報収集機関としては前述したように、内閣情報調査室、外務省、公安調査庁、防衛省、警察庁などがありますが、あくまでそれぞれの役割に応じて情報を収集していたのであって、それを統合・分析し、国家戦略を考えていくという仕組みはなかったのです（優秀な政治家や官僚が個人的な付き合いのなかで関係省庁の担当者を集めて国家戦略を考える、ということはもちろんあ

りました）。

古い事例で恐縮ですが、インテリジェンスの一翼を担う日本外務省がいかに安全保障について考えていなかったのか。その実例を紹介しましょう。

沖縄返還交渉を担当したウラル・アレクシス・ジョンソン駐日アメリカ大使は昭和五十九年（一九八四年）に回想録を出版し、驚くべきことを暴露しています。

沖縄返還交渉をしていた昭和四十二年（一九六七年）五月、ジョンソン駐日大使の提案で、駐日米国大使、米太平洋軍司令官、そして日本の外務大臣らによる「日米安保協議委員会」の下に「初めて」小委員会が設置されましたが、その意図をジョンソン大使はこう指摘しているのです。

《われわれは初めて、沖縄の軍事的重要性、共産主義中国の核武装が持つ意味、日本における対弾道ミサイル防衛体制確立の可能性などについて非公式に掘り下げて話し合った。この小委員会の目的は、まず定期的な話し合いの場を設けて、日本側に沖縄および日本本土でのわれわれの活動を深く理解してもらい、その活動が極東の安全保障全般にいかに寄与しているのかを了解してもらうことにあった。この話し合いが、そう遠くない将来に、日本自身が自国の安全保障のために何が必要なのか、そのためにアメリカには何をしてほしいのかを討議する場に発展することを私は期待していた。》（ウラル・アレクシス・ジョンソン著、増田弘訳『ジョンソン米大使の日本

回想』草思社、一九八九年）

これはすなわち、それまで日米間でのこうした「非公式」協議は一度も開催されたことがなかったということです。

日本が独立し、日米安保条約を締結してから実に十六年が経っていましたが、日本政府は、アメリカと安全保障に関する専門的な「議論の場」を設けてこなかったというのですから、開いた口が塞がりません。

そしてそれは、日本政府がアメリカ、日米安保条約を軽視していたということではありません。日本には、安全保障について省庁横断的に「議論する場」がなかったし、「議論する場」がなかったこともあって、政治家も外務官僚たちも安全保障についてどのように考えたらいいのか、分からなかったのです。

ジョンソン大使はこう指摘しています。

《小委員会で討議するにあたって直面した基本的な問題は、日本政府には広範な安全保障問題を取り上げる体制がないことであった。外務省内部にも、あるいは外務省と防衛庁間にも、安全保障問題を論議する場が存在しなかったし、専門的知識の蓄積もなければ、安全保障を総合的に検討すべきだと考えたことすらなかった。ある外務省の人が私に「われわれはどんな質問をすればいいのかさえも分からないほど無知なのです」と述べたほどである。》（前掲書）

このように戦後、日本政府には省庁の垣根を越えて《広範な安全保障問題を取り上げる体制が》なかったのです。

ではどうしていたのかと言えば、経産省は経産省、財務省は財務省、防衛省は防衛省とそれぞれが自分たちのやりたいことを出して、それを与えられた予算の中でどうやって実現するのかを考えていただけだったのです。本当にひどい有様でした。

財務省は、防衛のプロではないので、財務省ができることは、防衛省が出してきた予算案が税金を使うのに見合うものかどうかを判断するだけであって、それが国家にとって重要かどうかの判断はできません。これだけの防衛装備品が必要だと主張するのは簡単なのですが、その防衛装備品は何のために使うのか、仮想敵国はどこで、アメリカとの関係はどうなっているのか、韓国との関係はどうするのかとなると、財務省では判断できません。

よって財務省は、こうした国際情報分析がないままに、ＧＤＰ一％の枠にどうやって防衛予算を抑えるのかという発想なのです。

要はこれまで「国家戦略なく防衛予算が決められてきた」ということです。政府や優秀な官僚たちがしっかりとやってくれていると思っている人が多いようですが、実態はこんなものなのです。驚くほどお粗末なのです。

因みに一九六〇年に設置された「日米安保協議委員会」は、日米安保条約改定三十周年となる一九九〇年に、米国側参加メンバーが閣僚級に格上げされ、日本の外務大臣と防衛大臣、米国の国務長官と国防長官の計四名による「日米安全保障協議委員会」（通称2プラス2）に改組されました。

言い換えれば、一九九〇年までは、同盟国アメリカの国務長官、国防長官と、日本の外務大臣、防衛大臣が一堂に会して議論する場も無かったのです。

戦後日本は、アメリカ政府から何かを強く言われると、それに振り回されてきました。なぜ振り回されてきたのかというと、アメリカが強いからではなく、日本に確たる国家戦略がないからなのです。外交と防衛を連動させて考える政治の仕組みが無かったからなのです。

日本としての国家戦略がないからアメリカに言われるままに振り回されてきたのです。要するに「アメリカのせいだ、憲法のせいだ」と言って誰かの責任にし、日本をどのようにして強くするか、どう賢くするかを考えてこなかったことが一番の問題なのです。

「憲法を押し付けられたから日本はこんな有様になったのだ」と反論する人もいますが、現行憲法のどこに「国家戦略を考えてはいけない」と書いてありますか。「国家安全保障会議を設置してはいけない」と書いてありますか。

なんでもかんでも憲法のせいにして思考を停止してきた「改憲派」もまた、問題があったと言わざるを得ません。

かくして戦後の日米関係と言えば、アメリカ政府からいろいろと要求されてくることをいかに躱《かわ》すのか、ということに終始することになったわけです。

独立後六十一年を経てようやく策定された「国家安全保障戦略」

こうした、とても独立国家とは言えない政治体制の中で、心ある政治家たちは国家安全保障会議を創設し、日本としての国家戦略を策定する仕組みを整えるべきだと考えてきました。その議論の積み重ねの中でようやく第二次安倍政権が「国家安全保障会議」を創設し、平成二十五年（二〇一三年）十二月二十七日、戦後初めて「国家安全保障戦略」という国家戦略を作ったのです。

繰り返します。戦後初めて「国家安全保障戦略」を作ったのです。

第二次安倍政権のもとで「国家戦略がなく、場当たり的に国際政治を考える政治」から、「我が国を取り巻く内外情勢の中で何に優先的に取り組まなければいけないのかということを、周到な情報収集と分析に基づいて考えていく政治」へと、劇的に変わろうとしてきているのです。

「変わろうとしてきている」と表現したのは、国家安全保障会議や国家戦略の重要性に気付いている政治家や言論人はまだごく一部だけだからです。せっかく「国家安全保障戦略」を策定しても、それに注目せずに、あれこれと日本の政治について勝手なことを論じている言論人が大半だからです。

そんなことを言っても「国家安全保障戦略」なんて見たことがない、という方もいるかも知れません。ご安心ください。この「国家安全保障戦略」の概要が、官邸のホームページでも公開されていて、誰でも見ることができます。

冒頭に「策定の趣旨」とあり、こう書かれています。

《我が国の安全保障（以下「国家安全保障」という。）をめぐる環境が一層厳しさを増している中、豊かで平和な社会を引き続き発展させていくためには、我が国の国益を長期的視点から見定めた上で、国際社会の中で我が国の進むべき針路を定め、国家安全保障のための方策に政府全体として取り組むことが必要である。》

日本を取り巻く国際情勢が悪化していることを踏まえ、外交や防衛などを、それぞれの省庁の利益で考えるのでなく、まず国益と長期的視野を踏まえた国家戦略を考え、そのもとで各省庁が政策を考えることが重要だと指摘しているわけです。当然のことですが、その当然のことをこれまでしてこなかったのが日本の政治なのです。

次の論点が、グローバル化についてです。

《グローバル化が進む世界において、国際社会における主要なプレーヤーとしてこれまで以上により積極的な役割を果たしていくべきである。》

「ヒト、モノ、カネの移動を自由にしよう」という意味でのグローバル化が進む世界の中で、日本はあくまで国家を重視し、主要なプレーヤーとして積極的な役割を果たしていく、としているわけです。

「アンチ・グローバリズム」「グローバリズム反対」などという人がいますが、いくらグローバリズムに反対したところで、我々はグローバルな国際社会の中で生きていかざるを得ません。今さら鎖国をできるわけもありません。日本は国連や先進国首脳会議のメンバーですが、まさか国連から脱退し、先進国首脳会議にも行くな、というのでしょうか。

ただし、いくら自由化を進めるとしても、国家という枠組みをなくすことはしない。よってグローバル化が進む世界において、「国家」として、どのようにして国際社会における主要なプレーヤーとして積極的な役割を果たしていくのかを考えることが日本の国益につながる、としているわけです。

日本がいくら嫌だといっても、中国は尖閣諸島を脅かしに来るわけです。日本が嫌だといっても、アメリカは様々な要求をねじ込んでくるわけです。日本が嫌だといっても、韓国は日本に様々な干渉をしてくるわけです。であるなら、どうやって彼らに対峙するのかを考えよう、といっているわけです。

では、こうした国際社会の中で生き残っていくためには何が必要なのかというと、国家という枠組みを堅持したうえで、省庁の積み上げによる政策案ではなく、政治の強力なリーダーシップ、つまり官僚任せではない政府全体としての体系的な戦略を作ることなのです。そしてその国家戦略のもとで外交、防衛、経済など様々なものがどうあったらいいのかを考えることが必要だとして次のように指摘しているのです。

《国家安全保障会議（ＮＳＣ）の司令塔機能の下、政治の強力なリーダーシップにより、政府全体として、国家安全保障政策を一層戦略的かつ体系的なものとして実施していく。

国の他の諸施策の実施に当たっては、本戦略を踏まえ、外交力、防衛力等が全体としてその機能を円滑かつ十全に発揮できるよう、国家安全保障上の観点を十分に考慮する。》

この国家戦略は、大体十年ぐらいを目途にしていますが、内外の情勢は変わるので適時見直すともしています。しかもその見直しに際しても国家戦略を公表して国民の批判や意見をもらいながら、戦略をバージョンアップするというのが、第二次安倍政権の基本的な方針なのです。

日本は、中国のような全体主義国家ではありません。よって政府が一方的に決定し、それに国民は従え、というのではなく、政府として国家戦略を提示し、国民からの意見をもらいながら、随時それを修正していく、としているわけです。

国家安全保障戦略の五つの基本理念

それでは、第二次安倍政権はどのような国家戦略を提示したのでしょうか。

基本理念は、次の五つです。

一つ目が、日本は強い経済力と高い技術力を有する経済大国であり、「開かれ、安定した海洋」を追求する海洋国家を目指す、としています。この海洋国家というのは大陸国家にならない、つまり中国や朝鮮半島に深入りしないということです。

二つ目が、専守防衛に徹し、いわゆる軍事国家にならず、平和国家になるとしています。

三つ目が、日米同盟を進展させながらアジア太平洋地域の平和と安全を実現する。そのために経済協力等を行うとしています。

四つ目に国際的な協力活動。これは軍縮や唯一の被爆国として軍縮・不拡散に取り組むといっています。

五つ目に、国際協調主義に基づく積極的平和主義の立場から、安全保障に取り組んでいくといっています。

ここでなぜ「専守防衛」や「核軍縮」といった言葉が出てきたかというと、この国家安全保障戦略を制定した平成二十五年（二〇一三年）十二月の時点でアメリカは、オバマ民主党政権だったからです。オバマ大統領は「核なき世界」を主張していたので、それに従わざるを得ず、結果的に非常に腰の引けたものになっているのです。軍事的に台頭してきた中国とオバマの民主党政権の両方を敵に回すと、日本は米中両国によって挟み撃ちにされてしまいます。それならば「せめてオバマ民主党政権だけとは連携しよう」という苦肉の策だったわけです。

平成三十年（二〇一八年）十二月十八日に、この『国家安全保障戦略の現時点での評価について』という評価報告書が国家安全保障会議のホームページにて公表され、この国家戦略を「修正」しています。

なぜ修正したのかというと、アメリカで政権交代、そして共和党のトランプ政権が登場したからです。トランプ共和党政権は、オバマ民主党政権と異なり、軍事力を重視する「対中強硬派」政権です。ご存じのように米中貿易戦争が始まり、米中関係は劇的に変わりました。こうした変化があった以上、日本の国家安全保障戦略は見直されるべきだという考えです。

このように安倍政権は世界のパワーバランスの変化に対応して国家戦略を直ちに見直しているわけですが、これもまた日本の戦後政治史にあっては画期的なのです。

というのもこれまでは、外務省も防衛省も前例踏襲で、国際社会の変化に合わせて戦略を変える、ということを嫌がってきました。

繰り返します。これまで外務省も防衛省も基本的に前例踏襲で政策を決定し、内外情勢の変化に対応してこなかったのです。

ところが安倍政権は、情報収集や分析をする国家安全保障会議と国家安全保障局を官邸に作ったので、アメリカがオバマ民主党政権からトランプ共和党政権に変われば国家安全保障戦略を見直すことができたわけです。

もちろん、「アメリカが政権交代をしたぐらいで、国家安全保障戦略を一々見直すのは情けない」という見方も成り立ちますが、同盟国アメリカの世界戦略が変更になれば、それに呼応して日本の戦略を変えるのは当然のことだと私は思います。

「自衛官外交」を始めとする四つの成果

平成二十五年（二〇一三年）から平成三十年（二〇一八年）に至る五年間での「国家安全保障戦略」への取り組みに関して評価報告書では、次の四点を評価しています。

第一に、平和安保法制や防衛装備移転三原則という形で、アメリカ以外の国とも積極的に防衛協力ができるようになり、今や自衛隊はアメリカ軍だけではなく、オーストラリア軍、インド軍、ベトナム軍、タイ軍、カンボジア軍、ミャンマー軍などと一緒に合同の訓練や軍事協力を実施するようになったことです。

中国の軍事的台頭を牽制する形で、こうしたインド太平洋諸国との軍事協力を強化できたことは大きな成果と言えます。

これまで外交は、原則として外務省が独占してきました。ところが「自衛官外交」、つまり幹部自衛官と相手国の軍幹部との連携が事実上進んでいます。外国の軍との連携も外務省を通じて実施しなければならなかった時代は、軍事に関する情報のやりとりも不十分でした。何しろ日本の外交官は軍事の専門家ではありませんし、外交官が軍事について聞いても、それを生かす仕組みが外務省にはないからです。

ところが「自衛官」外交が始まったおかげで、外国の軍事専門家と自衛官との連携が直接行われるようになり、軍対軍のインテリジェンスにおける連携・協力関係が強くなってきています。

とりわけ外国の軍の専門家たちと自衛官の個別の人間関係が構築されてきていることは、日本にとって大きな財産になります。外交も軍事もインテリジェンスも最終的には、個々の人間関係に左右されることがあるからです。

アメリカの海兵隊のある司令部に「連絡官」として送り込まれたある陸上自衛隊幹部を知っていますが、英語が堪能で、人懐こくて笑顔が素敵なその陸上自衛隊幹部は、海兵隊幹部からも大人気でした。海兵隊はどちらかと言うと、「日本の陸上自衛隊は閉鎖的で、何を考えているのか分からない」と否定的な印象を持っている人が多かったのですが、その自衛隊幹部と一緒に仕事をした海兵隊の人たちは口々に「日本の陸上自衛隊は素晴らしい」と褒めてくれました。

アメリカ空軍のある基地に「連絡官」として派遣されていた女性自衛官にも会ったことがあります。年は三十歳ちょっとの美人で、その空軍基地の司令部に配属され、アジア太平洋地域の航空管制に関する仕事をしていました。米空軍の司令部の人たちからも好かれているようで、「やり甲斐がありそうですね」と声をかけたら、「そうなんですけど、主人と離れ離れなのが辛いです」と意外な答えが返ってきました。聞くと、ご主人も自衛官で結婚してまだ半年も経たないうちに、奥さんだけがアメリカ勤務になって離れ離れになっているというのです。

「頻繁に日本に帰国するというわけにはいかないのでしょうね」と尋ねると、「お金がかかりますし、何よりも任務で忙しいので、そんな暇はありません」という答えでした。天晴な心意気ですが、ご主人と会うための一時帰国費用もすべて自己負担です。少しは金銭的に配慮してあげて欲しいと切に思います。

ともあれ、米軍幹部も人間ですから、個人的な好悪が日本の自衛隊のイメージを左右しますし、日本の自衛官は素晴らしい人が多いので、こうした「自衛官」外交は想像以上の成果を挙げていると思います。

第二の成果は、海洋、宇宙、サイバーなどの分野において、組織・分野の横断的な取り組みを積極的に進めてきたことです。自衛隊が「宇宙軍」を作ることも決まっています。

第三の成果は、安全保障上の政策的課題について的確な情報集約が行われ、特に重大な案件に関しては、国家安全保障会議のもとで総合的な政策判断が下せるようになったことです。

たとえば、韓国の文在寅《ムンジェイン》政権に対して輸出に関する「ホワイト国」外しができたのはなぜか。世論の盛り上がりが背景にありましたが、何よりも経産省、外務省、防衛省などが連携して情報を分析し、そうした総合的な情報分析ができたからこそ、政府として「韓国をホワイト国から外す」という決断ができたのです。

そして第四の成果は、国家安全保障戦略のもと、「インド太平洋戦略」という名の総合的なアジア太平洋対策が進められてきていることです。

一帯一路によってアジア太平洋諸国を影響下に置こうとする中国共産党政府に対して、日本が主導してアメリカを巻き込んで取り組んでいるのが「インド太平洋戦略」です。日本、アメリカ、インド、オーストラリア、ASEAN諸国、そして台湾が経済、外交、安全保障の面で緊密に連携をとることで、中国の軍事的脅威を少しでも抑制しようという戦略です。

アジア太平洋の外交面において、日本が主導権を握るようになってきているのも、この国家安全保障会議という仕組みがあるからだと言えましょう。

国家安全保障戦略が示した「日本の進路」

更に先の評価報告書では、現在の安全保障環境について次のように分析しています。

第一に、アメリカを「世界最大の総合的な国力を維持する国」とし、そのアメリカがトランプ政権になって、「テロとの戦い」よりも、中国、ロシアという「大国間競争」を重視するようになってきていると分析しています。

トランプ政権になって世界戦略、特に軍事戦略が「テロとの戦い」よりも、「大国間競争」を重視するようになったことは、極めて重要な変化です。

イスラム過激派など「テロとの戦い」を重視していた時は、アメリカ政府にとって最大の敵は「イスラム過激派」でした。そのためアメリカ政府は、中国政府によるウイグルなどイスラム系住民への弾圧も「イスラム過激派との戦い」と見なし、どちらかと言えば、黙認してきたのです。ところがトランプ政権は「大国間競争」を重視し、中国の行動を問題視するようになったことで、中国政府によるウイグル弾圧などについても「人権弾圧だ」として厳しく批判するようになりました。

同様に、通商・経済政策に関しても、それまではどちらかというと、米中連携であったのですが、「大国間競争」、つまり中国の軍事的台頭を「敵視」するトランプ政権になると、中国との通商関係も安全保障の観点から厳しく批判するようになっていきました。

このように国家戦略の変更というものは、特に大国アメリカの場合だと、外交関係、国際社会を一変させてしまうほどの影響があるのです。その重大な変化をきちんと分析し、日本としてどう対応するのかを考えるようになったことは本当に大きな成果です。

第二に、アジア太平洋地域でのパワーバランスの変化によって生ずる問題、例えば北朝鮮のミサイル発射などに加え、尖閣諸島への連日の中国公船の出没といった、本格的な戦争に至る前段階の紛争、いわゆるグレーゾーンに対する脅威が高まってきていると指摘しています。加えてロシアによる北方領土の軍事基地化が進んでおり、北朝鮮、中国、ロシアという三つの軍事的脅威に対抗することが求められていると分析しています。

第三に、サイバー戦争の脅威だけでなく、人工知能や量子技術などの技術革新の進展により、技術優位の獲得をめぐる国際的競争が高まっていて、知的財産の保護も安全保障上、極めて重要だと分析しています。脅威は、武器を使った戦争だけではないということです。

関連して国際社会には保護主義的な動きが見られたり、一部の新興国が貿易ルールを無視したりする貿易・通商問題が、日本の安全を脅かすことになりかねないと分析しています。安倍政権は、防衛力の強化だけでなく、外交、サイバー、技術開発、貿易・通商などにもきちんと取り組まないと日本の平和と安全は守れないと考えているわけです。

従って今後の対外戦略については次のような方針を示しています。

第一に、「自由で開かれたインド太平洋」を推進するため、東南アジア諸国連合（ASEAN）はもとより、同盟国のアメリカやオーストラリア、ニュージーランド、インド、イギリス及びフランスなどとの連携強化を挙げています。

第二に、日米同盟が国家安全保障の基軸であることから、あらゆる分野・レベルでの課題に対して、アメリカとの協調を図るとしています。

第三に、アジア太平洋地域においても、外交・安全保障協力を含むあらゆる分野での強調を図るともしています。

第四に、一方、北朝鮮に対しては、アメリカ及び韓国と緊密に連携し、大量破壊兵器などの不可逆的な破棄を引き続き求めるとしています。

第五に、中国に対しては、大局的かつグローバルな観点からの日中関係の安定化、ロシアに対しては日露関係を高めつつ、北方領土問題の解決と平和条約の締結を進めるなど、日本にとって望ましい保障環境を作り出すために、あらゆる政策手段を体系的に組み合わせることが重要だとしているわけです。

このように官邸主導で各省庁の情報（インテリジェンス）を吸い上げ、国家安全保障局でとりまとめながら、国家安全保障会議のもとで国策を決定していく仕組みは極めて重要です。そして、こうした「**インテリジェンスを踏まえた国策決定の仕組みがあってこそ、インテリジェンス機関も生きてくる**」のです。

第7章

新型コロナ対策が後手後手になったのはなぜか

批判を浴びた日本政府の対応

インテリジェンスを踏まえた国策決定の仕組みを整えたとしても、実際にこれを上手く運用するためには、さまざまな課題があります。インテリジェンス大国のアメリカでさえ、九・一一テロが起こった際は、なぜこれだけの大掛かりなテロを防ぐことができなかったのか、かなり深刻な反省と対策が論じられました。

そこで国家安全保障会議を創設した安倍政権の「課題」を、今回の新型肺炎（正式名称は「新型コロナウイルス感染症（COVID-19）」）対策を例に考えてみたいと思います。

令和元年（二〇一九年）十二月に中国の武漢《ぶかん》で発生した新型肺炎の被害が世界各国に広がっています。外国に比べて日本は、感染者数も死者数も比較的少ない（二〇二〇年四月初旬の段階）ですが、日本政府の対応は「初動が遅い」とかなり批判されました。

それでは、実際はどうだったのでしょうか。

令和元年（二〇一九年）十二月八日、中国湖北省《こほくしょう》武漢市で原因不明の肺炎のクラスター（小規模の集団感染）が発生し、症例数は急増し、令和二年（二〇二〇年）一月一日、流行の中心地とされる武漢市の華南海鮮《かなんかいせん》御売市場が閉鎖されました。

一月九日、最初の死亡例が出ました。

その後、いわゆる春節、日本で言うお正月の帰省のため感染が急速に拡散し、一月十九日に広東省で、二十日には北京、上海で感染者が確認され、一月二十日までに六千百七十四人の感染者が発症したとされています。

一月二十三日、武漢市と湖北省各市は交通封鎖を開始しました。武漢市は一千万都市なので、言わば神奈川県全体を封鎖し、その住民の移動を禁止したわけです。その「異様な」対策によって、今回の新型肺炎の危険性が、国際社会に印象づけられることになりました。

新型肺炎に対して最も機敏に対応したのは台湾でした。

武漢市封鎖の翌二十四日、台湾を訪れていた中国人女性の感染が確認されたことを受けて観光当局は感染拡大を防ぐため、中国への観光ツアーを当面停止するよう旅行会社に通知しました。

一方、日本ですが、一月十六日、神奈川県で国内初の感染者（中国人）が確認されました。中国で大規模感染が発覚した一月二十一日、日本政府はようやく「新型コロナウイルスに関連した感染症対策に関する関係閣僚会議」を開催し、次のように申し合わせました。

《国際的な連携を密にし、発生国におけるり患の状況や感染性・病原性等について、世界保健機関や諸外国の対応状況等に関する情報収集に最大限の努力を払う》

日本としては中国政府や世界保健機関（ＷＨＯ）から「情報」をもらうよう努力するというわけです。この閣僚会議を受けて日本政府は中国全土に感染症危険情報レベル１（注意喚起）を発出し、「新型コロナウイルスに関連した感染症対策に関する対応について」と題するポータルサイトを開設しました。

日本政府は一月二十四日、湖北省に感染症危険情報レベル３（渡航中止勧告）、その他中国全域にレベル１を発出しましたが、台湾のように中国人「観光客」受け入れ中止の措置は取りませんでした。

その後も中国から観光客が日本に続々と入ってきたことから、「中国人観光客の来日を全面的に止めるべきだ」という批判が出されましたが、日本政府は「武漢市から訪れた中国人観光客に発熱のある人は自己申告をして下さい。それで発熱のある人は調べます。感染していたら入国しないで下さい」という穏便な措置しか取りませんでした。

「中国人観光客の入国禁止」を求める声が高まる中、一月二十七日、衆議院予算委員会において安倍首相は今回の新型肺炎を「指定感染症」に指定することを表明しました。この指定によって「強制入院などの命令措置を取ることができる」ことになりました。

そして一月三十日、日本政府は「新型コロナウイルス感染症対策本部（本部長、総理大臣）」を設置し、翌三十一日夕方に開いた対策本部の会合で、二月一日午前〇時より入国申請の十四日前以内に湖北省に滞在歴がある外国人や、湖北省で発行されたパスポートを所持する外国人の入国を拒否する方針を明らかにしました。

しかし、この方針に対しても「新型肺炎が中国全土に広がっている段階でなぜ湖北省だけなのか」「中国に滞在したことがある外国人の入国禁止と日本人の隔離義務を課すべきではないのか」といった批判が相次ぎました。

一方、アメリカのドナルド・トランプ政権は一月三十一日、武漢から戻ってきたカリフォルニア州在住の男性一人の感染が確認されたことを受け、保健福祉省（ＨＨＳ）が「公衆衛生上の緊急事態」を宣言し、十四日前以内に中国に滞在したことがある外国人の入国禁止および湖北省に滞在していた米国人の隔離義務を発表したほか、到着空港を七空港に制限しました。

台湾も二月五日、住民に対して中国への渡航中止を勧告しました。

迷走した世界保健機関（ＷＨＯ）と中国

このように対応が分かれた理由の一つが、世界保健機関（ＷＨＯ）と中国政府の公式発表を信用するかどうか、ということでした。

ＷＨＯのテドロス・アダノム事務局長は一月二十二日、二十三日に開催されたＷＨＯの緊急委員会で「国際的に懸念される公衆衛生上の緊急事態」の宣言を見送りました。しかし、その後も被害は拡大・拡散し、二月十一日になってようやく「新型ウイルスは世界にとって非常に重大な脅威だ」との認識を表明しました。

これに対してトランプ政権は一月三十一日の段階で、アザー厚生長官が「米国としての公衆衛生上の緊急事態を宣言する」と表明し、新型肺炎の震源とされる中国・湖北省に渡航した米国民を強制的に隔離するほか、過去二週間に、中国に滞在した外国人の入国も拒否する措置を講じたのです。

要するにトランプ政権は、新型肺炎の危険性を何らかの形で把握し、楽観的な見通しを示すWHOの意向に逆らって新型肺炎が来ないように措置を講じたわけです。渡航制限措置を取ったアメリカに対して中国外務省は「WHOは渡航制限を控えるよう各国に促しましたが、アメリカはすぐさま正反対の動きに出た」と批判しました。

今回、国際社会が問題視しているのは、そもそも中国政府の情報がどこまで信用できるのか、ということです。

令和元年（二〇一九年）十二月八日頃に武漢での感染者のケースが非公式のネットで最初に伝えられたものの、地元当局は秘密にしていましたし、中国の官営メディアが初めて報道したのが令和二年（二〇二〇年）一月九日でした。習近平国家主席がこの件で初めて指示を出したのは一月二十日で、「断固としてウイルスの蔓延を阻止するように」と命令し、情報の即時公開などを指示したのですが、この時点で最初の発生から四十日以上が過ぎていました。

そして二月十五日になって突如、中国共産党の理論誌「求是」のウェブサイトで、新型肺炎対策をめぐる習近平の演説が発表されて、実は習近平は「新型コロナウイルス肺炎に関して一月七日に警告した」と報じるようになりました。

ですが、いくら弁明しようとも、今回の習近平政権の判断の遅さと情報の隠蔽《いんぺい》が、世界に新型肺炎を蔓延させたことは疑いようがありません。

一方、WHOは二月十一日になってようやく「新型ウイルスは世界にとって非常に重大な脅威だ」との認識を表明しました。

この声明を受けて日本政府も二月十四日、「新型コロナウイルス感染症対策専門家会議」を設置し、二月十六日に初会合を開催しています。日本国内で初の感染者が出た一か月後にようやく「専門家会議」を開催したわけで、これでは後手後手だったと批判されてもやむを得ないと思います。

対外インテリジェンス機関がないことが一因

では、なぜ日本政府の対応が遅れたのでしょうか。

結論から言えば、中国政府やWHOの発表を信用したからだと思います。

中国政府はなぜ一月二十三日、武漢市などを全面封鎖したのか。

アメリカ政府はなぜ一月三十一日、中国全土からの外国人入国禁止といった厳しい措置を取ったのか。

台湾がなぜ中国人渡航を止めたのか。

その決断の背景に何があったのかについて、日本は、アメリカや台湾からの情報を十分に検討するべきでした。

アメリカも台湾も対外インテリジェンス機関を持っていて、中国各地にヒューミント（人間を活用した諜報）といって情報収集担当者を送り込み、新型肺炎によって中国では何が起こっているのか、詳しく調査・分析をしていたはずです。

現に台湾の呉釗燮（Joseph Wu）外交部長（外相）は四月九日、アメリカのシンクタンク「ハドソン研究所」において「台湾は十二月から既に武漢でのコロナに気がつき武漢に専門家を派遣したが、中国政府から協力を得られなかった」と明言しています。そうした自前の情報収集の仕組みを持っているから、WHOや中国政府が何を言おうとも、独自の判断を素早く下すことができたわけです。

適切な政治判断をするためには、正確な「情報」が必要なのです（附言しておきますと、適切な判断を下すことと、実際に新型コロナの感染拡大を防ぐことができるかどうかは別問題です）。

ところが日本には、海外に「協力者」「情報収集担当者」を送り込む「対外」インテリジェンス機関は存在しません。内閣調査室も公安調査庁も主として国内で活動するだけで、外国に「協力者」を送り込んで、外国の内情を探るということはしていないのです。自衛隊は米軍などに「連絡官」を送るようになっていますが、それはあくまで米軍との連携のためです。

このため対外インテリジェンス機関を持たず、中国の武漢で何が起こっているのか、独自に情報を収集・分析する力がない日本政府としては、ＷＨＯや中国政府の「情報」を鵜呑みにするしかなかったわけです。

そしてそのＷＨＯや中国政府が当初は「大したことはない」と言い張っていたわけで、これでは「適切な判断」が下せないのも無理はありません。

中国による宣伝戦と軍事干渉の危機

この対外インテリジェンス機関は、国際宣伝戦においても必要です。

――今回の「コロナ危機」を利用して中国は、香港や台湾への軍事干渉に踏み切る恐れがある。その場合、彼らは「台湾軍や米海軍から攻撃を受けたから仕方なく反撃をした」と、ニセ情報を流すに違いない――。

三月下旬、米軍関係のシンクタンクの知人から、こうしたメールを受け取りました。

戦争は宣伝戦から始まります。

よって相手のニセ情報は初期の段階で徹底的に潰しておかないと、その後の国際政治で不利に追い込まれることになりかねません。今回の「新型コロナ」を「中国肺炎」「武漢ウイルス」などと呼ぶべきかどうかについて議論になっているのも、この国際宣伝戦の一環なのです。

事の発端は、中国外務省の趙立堅《ジャオリージエン》報道官が二〇二〇年三月十二日、「米軍が武漢に感染症を持ち込んだのかもしれない」とツイートし、翌十三日にも、新型コロナウイルスの発生源が米軍の研究施設だと主張する記事をツイッターで紹介したことです。

あたかも「世界経済にダメージを与えた新型コロナの発生源は米軍」であるかのような宣伝を始めたのです。

これに対しアメリカのマイク・ポンペオ国務長官は三月十六日、中国の外交担当トップ、楊潔《ヨウケツ》篪《チ》共産党政治局委員と電話で会談し、「今はデマを拡散したり奇怪な噂を流したりしている場合ではない」と抗議しました。その翌十七日、トランプ大統領はツイッターを更新し、「アメリカは、特に中国ウイルスの影響を受ける航空会社などの業界を強力にサポートします」と述べ、「中国ウイルス」と呼んだわけです。その意図は「中国の責任転嫁、ニセ情報は絶対に許さない」というものです。

対外インテリジェンス活動の情報を集約・分析しているアメリカの国家安全保障会議（NS

C）も十八日、「中国共産党は、中国ウイルスに関する初期報告を握りつぶし、医者やジャーナリストらを処罰した。そのせいで中国および諸外国の専門家は地球規模のパンデミック（世界的大流行）を食い止める重要な機会を喪失した」と非難しました。「われわれは、お前たちが情報を隠蔽し、結果的に新型コロナウイルスが世界に拡散することになった証拠を持っているぞ」と明言したわけです。

このNSCの情報に基づきトランプ大統領は十九日の記者会見で「中国の情報隠蔽で世界は非常に大きな代償を支払っている」と批判しました。

米下院の与野党議員も二十四日、中国政府がウイルス発生当時の初動対応を誤ったせいで全世界に感染を拡大させ、多数の死者を出したとして非難する決議案を提出しました。決議案はバンクス（共和党）、モールトン（民主党）両議員が起草し、二人を含む十七議員が共同提出し、中国政府に対し、ウイルスは中国で発生したと公式に表明し、中国政府が流布している「米陸軍がウイルスを湖北省武漢市に持ち込んだ」とする陰謀論を非難するよう要求しました。新型コロナ関連の報道を中国当局に問題視され、国外追放された米国人記者の処分撤回も求めました。

また、武漢市での感染の初期段階でウイルスの危険性に警鐘を鳴らした同市の医師や記者の口封じに動いた中国政府を非難。米疾病予防管理センター（CDC）の協力申し出を一カ月以上も拒否し続けたことも非難するとしています。

さらにWHOのテドロス事務局長に対し、中国指導部のウイルス対策の取り組みを「献身的で透明性が高い」などと称賛した発言に関し「事実誤認を助長する」として撤回を求めました。

かくして、さすがの中国も「一時」撤退を図りました。

中国外務省は二十三日、崔天凱《サイテンガイ》駐米大使が米国で取材を受けた際に、新型コロナウイルスが米軍に由来するとする説について、「誰かがばらまいた狂った言論だ」と発言したと発表したのです。

アメリカの素早い、かつ強烈な反論によって中国の宣伝工作は頓挫したかのように見えていますが、まだまだ油断できません。

中国は三月に入ると、新型コロナの蔓延に苦しむヨーロッパ諸国に医薬品や医療団を送り、現地のテレビや新聞ではあたかも「中国がヨーロッパを救おうとしている」かのように報じられているのです。

しかし、今回の新型コロナは、中国共産党政権の隠蔽によって世界に広がったという「人災」なのです。日本ではなぜか今回の新型コロナが「天災」であるかのような報道がなされていますし、日本政府も責任の所在を明確にしていませんが、責任の所在を明確にしておくことが極めて重要です。

その意味で、日本でも三月三日、参議院予算委員会で山田宏議員が新型肺炎を「武漢肺炎」と呼ぶべきであり、「中国独裁政権の『隠蔽』で世界に蔓延した」と主張したことは注目しておくべきでしょう。

トランプ政権と連携して日本も、今後も続く中国との国際宣伝戦に立ち向かわないといけないのですが、このためにも中国共産党政府のニセ情報を見抜くだけの「情報」を収集・分析すると共に、国際宣伝戦に対応する司令塔が必要になってくるわけです。

インテリジェンスの司令塔、国家安全保障局

実は前述したように安倍政権が平成二十六年（二〇一四年）に創設した国家安全保障局（NSS）がその役割を果たすべきであったのですが、実際は後手後手になりました。

それは、大別して三つの理由があると思います。

第一に、中国共産党政権に「配慮」する勢力が強いこともあって安倍政権自身が今回の中国肺炎に関して、中国共産党の意向を過度に「忖度《そんたく》」してしまったということです。そもそも四月に予定されていた中国共産党政権の習近平国家主席の訪日の準備を国家安全保障局が担当していました。このため、中国共産党政府の「言い分」を尊重する空気が政府与党を覆ってしまっていたと思われます。

第二に、これは国家安全保障局自身の課題なのですが、そもそも国家安全保障局は各省庁の官

僚たちが国内のインテリジェンス機関から上がってくる情報を「収集・分析」するところなのです。

中国を始めとする世界各国に「協力者」「情報収集担当者」を送り込んで独自に情報を「収集」するヒューミント機能があるわけではないのです。もちろん日本も、自衛隊などを中心に偵察衛星などによる画像情報（イミント）や外国の通信傍受（シギント）などについてはかなりの情報収集能力を持っていると言われていますが、ヒューミントに関しては、アメリカを始めとする関係各国から「情報」をもらうしかないのです。このため、中国肺炎について中国の言い分を検証する力が弱かったと思われます。

第三に、これも国家安全保障局自身の課題なのですが、圧倒的にマンパワーが足りません。アメリカの対外インテリジェンス機関はＣＩＡだけでも数万人規模ですが、日本の国家安全保障局は総勢で九十名余りです。よって眼前の仕事に追われるばかりで、部外の優秀な専門家たちとの連携も十分にできていないと思われます。

そこで、安倍政権は、国家安全保障局の態勢強化に踏み切りました。

あまり注目されませんでしたが、三月十七日付産経新聞政治部の永原慎吾記者が次のように報じています。

《【安倍政権考】ＮＳＳ経済班が来月発足　背景にあるのは中国の台頭、米国と連携し対抗へ
政府の外交・安全保障政策の司令塔を担う国家安全保障局（ＮＳＳ）に4月、経済分野を専門とする「経済班」が発足する。背景にあるのは、巨額の資金力と最先端技術を武器に軍事・経済の両面で世界の覇権をうかがう中国の台頭だ。安倍晋三首相には、経済班を軸に外交と安保、経済をそれぞれ担う各省庁の縦割りを排して官邸主導の態勢を強化し、中国に対抗する狙いがある。》（産経デジタル 2020.3.17 01:00）

この国家安全保障局は具体的に何をするのか。産経新聞はこう続けています。

《経済班の設置に向けて首相や北村氏が念頭に置くのは、ハイテク覇権をうかがう中国の存在だ。米国も警戒感を強め、２０１７（平成29）年12月に発表した国家安全保障戦略（ＮＳＳ）では中露を「修正主義勢力」と明確に定義。米国は中国当局が通信機器大手の華為《ファーウェイ》技術などと結託し、通信機器を通じて重要情報を盗み出すスパイ行為を行っているとみており、トランプ大統領も「安全保障の観点からも軍事面からも極めて危険だ」と訴えている。

日本も中央省庁が使う情報通信機器からファーウェイを事実上排除するなど、米国と歩調を合わせてきたが、経済班設置で米国との経済安保分野での連携を一層加速させたい考えだ。

守秘義務を規定する国家安全保障会議法に基づくNSSは、米国家安全保障会議との連携もしやすく、経済班が今後、米国との経済安保分野でのカウンターパートの役割を担うことになる。また、日米豪が中国の巨大経済圏構想「一帯一路《いったいいちろ》」の対抗軸とするインフラ支援構想「ブルー・ドットネットワーク」の実現に向けた連携も模索する。

NSS幹部は「米国の立場からすると、日本は誰が経済安保戦略を担っているのか分からなかったが、経済班が設置されることで明確になる」と語った。》

アメリカの国家安全保障会議と連携しつつ、中国共産党政府の世界戦略を分析し、軍事、経済の両面から、産業スパイ対策も含めた対策案を示していくのが国家安全保障局というわけです。

安全保障の観点から対中経済・通商政策を再検討

では、コロナウイルス危機にあって、国家安全保障局はどのような課題に取り組むのか。四月一日付日本経済新聞は、こう報じています。

《国家安保局に「経済班」発足　新型コロナ対応も急務

国家安全保障局（NSS）に経済分野を専門とする「経済班」が1日、発足した。民間の先端技術を軍事力に生かす中国の軍民融合政策をにらみ、経済と外交・安全保障が絡む問題の司令塔となる。足元では新型コロナウイルスの感染が世界的に拡大しており、世界経済や安保に与える影響を分析する役割も担う。》

具体的な論点についても、四月一日付日本経済新聞はこう報じています。

①まずは新型コロナの感染拡大を受けた対策が急務となる。世界各国が入国拒否などの措置をとっており、グローバルなヒト・モノ・カネの動きは失速している。世界経済への甚大な影響を踏まえ、水際での感染防止策と経済損失の最小化を両立するための戦略を練る。
②経済的な手段で他国の外交や企業活動に影響を与える中国の「エコノミック・ステートクラフト」にも対応する。
③新型コロナの感染拡大に伴う株価の急落を受け、先端技術を持った日本企業が中国企業に割安に買収される恐れがあるとの警戒感も出ている。軍事転用可能な技術の流出を防ぐため、人工知能（ＡＩ）や量子技術といった技術を持つ企業の把握と情報の管理を急ぐ。

「エコノミック・ステートクラフト（Economic Statecraft）」とは、国家が自らの戦略的目標を追求するために、軍事的な圧力ではなく経済的な手段によって他国に対して影響力を行使し、何らかの結果を導き出そうとする外交戦術のことです。今回のことで言えば、中国政府が外国に対してマスクなどを売ってあげるので、通信技術については中国企業の製品を使えと強要したりしていることを指します。

いずれも重要な論点で、特にマスク不足などは、中国にサプライ・チェーンを依存することがいかに問題なのかを明らかにしました。

③については、米中貿易戦争の大きな焦点が、ハイテク技術を含む知的財産を外国、特に中国の産業スパイからいかに守るのか、です。よってトランプ政権は国防権限法などを制定して、自国の知的財産を守る立法措置をしていますが、この動きを世界的に広げたのが今回のコロナ危機です。マスクや人工呼吸器を含む医療器材をめぐっていまや世界的に奪い合いが始まっているからです。

ところが、これまで防衛省は軍事だけを議論し、経済・通商政策についてはあまり議論をしてきませんでした。一方、経済産業省は、経済・通商政策について議論する際に、軍事や安全保障、インテリジェンスの観点はほとんどありませんでした。厚生労働省も、マスクや医薬品の供給を中国に依存することを安全保障の観点から検討してきませんでした。財務省も、安全保障の観点から緊急財政出動が必要であることをどうも理解していないようです。

だからこそ四月六日、国家安全保障局の「経済班」発足式を首相官邸で開いた際に菅義偉官房長官が訓示で「政府一体となって対応していく必要がある。省庁間の縦割りを排してほしい」と述べたのです。

このように省庁間の縦割り行政ではこれまで対応できなかったというか、所管が決まっていなかった重要な論点について、**「明確な国家戦略のもと、各国のインテリジェンス機関や各省庁から「情報」を集め、分析し、国家戦略を構築していく態勢が安倍政権のもとで少しずつ整いつつある」**のです。

この国家安全保障会議、国家安全保障局という体制を強化する中で、いずれは外国に「情報収集担当者」などを送るヒューミントを担当する「対外」インテリジェンス機関を作っていくことになるでしょうが、実際にそうなるかどうかは、世論の関心の高さに掛かってくると思います。

なぜなら、対外インテリジェンス機関を使いこなすためには、保守自由主義のもとでの有権者の強い関心と監視が必要だからです。

第8章

自主独立を尊ぶ保守自由主義

共産主義犠牲者の国民的記念日

本書では、バルト三国やポーランドの例を引き合いに出して、ソ連主導の共産主義体制のもとでは、インテリジェンス機関や治安機関は、言論の自由を否定し、スパイ防止法に基づいて国民の人権を弾圧する機関になってしまうことを指摘しました。

スパイ防止法を制定しても、共産党のような一党独裁を掲げる全体主義政党が政権を握ると、瞬く間に国民弾圧法に様変わりしてしまう恐ろしさは、ご理解いただけたと思います。

このため欧州議会も、ナチス・ドイツやソ連といった全体主義体制を断固として拒否し、自由主義体制を守る決議を採択したわけです。

この欧州議会と連動して共産主義の問題点を広く訴えているのが、アメリカのドナルド・トランプ大統領です。ロシア革命から百周年に当たった二〇一七年十一月七日、トランプ大統領はこの日を「共産主義犠牲者の国民的記念日（National Day for the Victims of Communism）」とするとして、次のような声明を出したのです。共産主義の犠牲者に限った記念日は、アメリカでは初めてのことです。

《本日の共産主義犠牲者の国民的記念日は、ロシアで起きたボルシェビキ革命から百周年を記念するものです。ボルシェビキ革命は、ソビエト連邦と数十年に渡る圧政的な共産主義の暗黒の時代を生み出しました。共産主義は、自由、繁栄、人間の命の尊厳とは相容れない政治思想です。
　前世紀から、世界の共産主義者による全体主義政権は1億人以上の人を殺害し、それ以上の数多くの人々を搾取、暴力、そして甚大な惨状に晒しました。このような活動は、偽の見せかけだけの自由の下で、罪のない人々から神が与えた自由な信仰の権利、結社の自由、そして極めて神聖な他の多くの権利を組織的に奪いました。自由を切望する市民は、抑圧、暴力、そして恐怖を用いて支配下に置かれたのです。
　今日、私たちは亡くなった方々のことを偲び、今も共産主義の下で苦しむすべての人々に思いを寄せます。彼らのことを思い起こし、そして世界中で自由と機会を広めるために戦った人々の不屈の精神を称え、私たちの国は、より明るく自由な未来を切望するすべての人のために、自由の光を輝かせようという固い決意を再確認します。》（邦訳はドナルド・トランプNEWS http://lovetrumpjapan.oops.jp/2017/11/09/national-day-for-the-victims-of-communism/）
　トランプ大統領を始めとするアメリカの保守派は、旧ソ連や中国共産党政権、そして北朝鮮といった共産党一党独裁体制を厳しく批判しています。ですが、共産主義体制を批判するだけではダメだと考えているのが、アメリカの保守派なのです。

何よりもアメリカ自身が「自由主義の国である」ことが重要であり、保守自由主義のもとでアメリカを繁栄させることこそが共産主義体制と戦うために必要だと考えているのです。

アメリカを偉大にする力は国民の勇気と献身

では、「保守自由主義」とはいかなるものなのか。トランプ大統領の演説を踏まえながら、説明していきたいと思います。

トランプ大統領は就任から二年目を迎えた二〇一八年一月三十日夜（日本時間三十一日午前）、米連邦議会の上下両院合同本会議で初の一般教書演説を行いました。

一般教書演説というのは、政府としての年間方針を示す最も重要な演説です。

国際政治に大きな影響を与えるアメリカ大統領の方針ですので、世界各国は懸命にこの演説内容を分析し、今後のアメリカと国際政治の動向を予測するのですが、なんと日本のマスコミの中で、この演説全文を邦訳して紹介したのは読売新聞だけでした。そこで二〇一八年二月一日付読売新聞朝刊に掲載されたトランプ大統領の一般教書演説の内容を引用しながら、アメリカの政治思想について考えてみたいと思います。

トランプ大統領のスローガンは「アメリカを再び偉大な国にしよう」です。よって、この大目標をいかに達成するのか、という観点から演説は構成されています。

トランプ大統領は演説の冒頭で、アメリカを偉大な国にする力は何よりもアメリカ国民の勇気と献身だと指摘しています。

《この一年、我々は途方もない進歩を遂げ、たぐいまれな成功を収めた。直面した試練には、予想していたものも、想像を超えたものもあった。勝利の高揚も苦難の痛みも共にした。洪水、火事、嵐を忍んだ。それらすべてを通じて、美しい米国の魂、はがねのように強い米国の勇気を目にした。

ボランティアのレスキュー部隊ケイジャン・ネイビーは、破滅的な被害をもたらしたハリケーン被災地に釣り船で駆けつけ、人々を救った。

ラスベガスの銃乱射事件では、見知らぬ人同士が銃弾の雨からかばい合うのを目撃した。

沿岸警備隊下士官のアシュリー・レパートの話も耳にした。彼女は今日ここに来ている。ハリケーン「ハービー」が襲ったヒューストンの現場に最初に到着したヘリコプターのひとつに彼女は乗っていた。風雨の中十八時間、電気が流れる送電線や深い水をものともせず、四十人以上の命を救った。

消防士のデイビッド・ダウルバーグの話も聞いた。彼もまたここにいる。デイビッドは山火事に襲われたカリフォルニアで、夏のキャンプ中だった六十人近くの子供たちを救うため、炎の壁

に立ち向かった。》
アメリカを偉大にするのは政治家でも、官僚でもない。アメリカを偉大にし、強い国にしているのは国民の皆さんの勇気と献身なのだと主張したのです。
《この一年、世界は、我々にとって当たり前のことを目の当たりにした。つまり、地球上で米国人ほど、大胆で、勇敢で覚悟を持った人々はいないということだ。
米国が強固なのは国民が強いからだということを認識しよう。》
アメリカが強いのは国民が強く、勇敢だからだ。そんなことは当たり前のことではないかと思う方もいるかも知れません。政治家特有の美辞麗句《びじれいく》ではないかという反論も聞こえてきそうです。ですがトランプ大統領は本気で、「強く勇敢な国民あってのアメリカ」だと考えているのです。

まず減税で国民を豊かにすること

というのもアメリカを偉大な国、強い国にしているのが国民の力だとすれば、その国民が元気に活躍するために政府がなすべきことは何か。それは景気回復であり、個々の所得を増やすことだというのが、トランプ大統領の信念なのです。

現にトランプ政権になって一年、景気はかなり良くなってきていました（二〇二〇年三月以降、コロナ不況で世界的に景気は悪化していますが、それまでアメリカの景気は絶好調でした）。

《選挙以来、我々は二百四十万人の新規雇用を生み出した。製造業だけで二十万人に上る。ものすごい数だ。賃金は何年も伸び悩んでいたが、ようやく上昇している。

失業保険の申請件数は四十五年で最も低い。そのことを私はとても誇りに思う。アフリカ系米国人の失業率は記録のある中で最低だ。ヒスパニック系米国人の失業も史上最低の水準だ。

中小企業の景況感は記録的な高水準だ。株式相場は次々と記録を更新し、この短期間で八兆ドル以上増えた。米国の確定拠出型年金、退職、年金、大学進学のための預金などをめぐっても天井をやぶる勢いのいいニュースが聞こえてくる。》

トランプ政権になって景気が良くなっていたのは偶然ではありません。トランプ政権の経済政策が上手くいっていたからなのです。

その経済対策の第一が、「減税」によって個人の可処分所得（手元にあって自由に使えるお金のこと）を増やす政策です。

《十一か月前、この演壇から米国民に約束したように、米国史上最大規模の減税と税制改革を制定した。

巨額の減税は中流階層と中小企業に大きな安心感を与える。勤勉な米国人の税率を引き下げるため、全国民の基礎控除をほぼ二倍にした。夫婦世帯で所得二万四千ドルまでは税を全面的に免除される。児童扶養控除も倍にした。所得七万五千ドルの標準的な四人世帯は二千ドルの減税となり、税額は半減する。

古くて欠陥だらけの制度の下での申告は四月でおしまいだ。何百万人、いやもっと多くの米国人の手取り給与が増える。

たいていは年間所得五万ドル未満の米国人にかかってきたとりわけ非情な税金をなくした。それは、政府の基準を満たす健康保険の料金を払えないために、法外な罰金を支払わされるというものだった。》

所得税などを減らすことで個々人の手元に残るお金を増やしたのです。医療を含む社会保障費の充実と称して消費税を上げ、官僚組織が使える資金を増やし、国民の可処分所得を減らした日本政府とは対照的です。

しかもトランプ政権は、低所得者層に対しては児童手当を増額、年収八百万円の世帯に対しては年間二十万円減税、年収五百万円の世帯に対しては所得税をゼロにしたのです。こうすることで国民が使えるお金を増やせば、個人消費が活発になって飲食店なども潤っていくことになり、景気の好循環が生まれていくと考えたのです。

国民の可処分所得を増税で減らす代わりに、年金や子育て支援といった「政府から国民への補助金」を増やそうというのが日本です。国民が自由になるお金を増やそうとするトランプ政権と、政府・官僚の手で国民の医療や教育を守ってあげる代わりに国民が自由に使えるお金は減らす安倍政権、考え方は真逆です。

では、官僚たちが本当に国民を守るために税金を使ってくれるのかと言えば、必ずしもそうではないことが「消えた年金」などで示されています。このため、国民の中には「どうせ国民年金はもらえなくなる」と言って支払いを拒否したり、いざというとき、政府は助けてくれないと思って民間企業も「内部留保」をため込んだり、ということになっているわけです。

減税と規制緩和で民間企業の自由な商売を支援

経済政策の第二は、雇用を生み出している中小企業に対する「減税」です。

《法人税率を三十五％から二十一％に引き下げた。これで米国の企業は世界中のどの地のどの企業と競争しても勝てる。これらの変更だけでも平均的な世帯の所得を四千ドル以上引き上げると見積もられる。大きな金額だ。中小企業にとっても巨額の減税となる。これからは事業所得の二十％の税額控除を受けることができる。

今夜ここに、小さいがすばらしいオハイオ州の企業、スタウブ製造社のスティーブ・スタウブとサンディ・ケプリンガーを迎えている。彼らは二十年で最も良い年越しをした。税制改革のおかげで、昇給を実施し、十四人を新規に雇用し、作業場を隣の建物に拡張した。実に良い気分だ。》

しかもこの企業に対する減税の目的は、雇用の拡大、賞与（ボーナス）の増加、新規設備投資の促進です。企業に対する税金を減らすので、浮いたお金で人を雇ったり、社員へのボーナスを増やしたりしてくれというわけです。

一方、日本政府は、民間企業に対してあれこれと条件を付けて「補助金」を出しています。しかもこの補助金をもらうためには、官僚の「天下り」を受け入れたり、政治家に企業献金をしたりしなければなりません。

減税をすることで国民の可処分所得を増やし、民間企業の資金に余力を持たせようとするトランプ政権に対して、日本の安倍政権は、増税する代わりに社会保障と称して国民に年金と医療を保障し、企業に「補助金」を配っているわけです。

トランプ政権は、アメリカの主人公は国民だと考えているのに対して、日本政府は自覚しているかどうかは別にして、日本の主人公は、国民と民間企業ではなく、政治家と官僚だと考えているわけです。

しかし、今回の新型コロナの感染拡大阻止対策で実際に奮闘しているのは、医療関係者や流通関係者、そして医療器具メーカーです。政府も頑張っているとは思いますが、民間の活躍なくして感染拡大阻止対策が成り立たないことは明らかです。

話をもとに戻しましょう。

このトランプ政権の減税法案は二〇一七年十二月に成立したのですが、その効果はてきめんでした。

《減税法案が通過してから、およそ三百万人の労働者が減税の恩恵でボーナスを受け取った。多くが何千ドルも受け取った。アップル社は米国で総額三千五百億ドルの投資と二万人の新規雇用を計画していると発表した。ついさきほど、エクソンモービルは米国での五百億ドルの投資を発表した。》

これだけ減税をすると、政府の歳入が減り、政府の財政赤字が膨らみます。よって官僚の待遇が悪化することになるのですが、トランプ大統領は、アメリカは官僚の国ではないとして、こう述べています。

《我々米国人は、米国の生活の中心が政府や官僚制度ではなく、信仰と家族だと知っている。我々のモットーは「我ら神を信ず」だ。

米国人は自分の国を愛している。彼らには、同じ愛情と忠誠心を見返りに示してくれる政府がふさわしい。我々はこの一年間、国民と政府の信頼の絆の回復に取り組んできた。

我々は（武器保有の権利を認めた）合衆国憲法修正第二条を全面的に擁護するとともに、信教の自由を守るための歴史的な行動をとってきた。

私は今夜、良き労働者たちに報い、そして国民の信頼を損ねたり裏切ったりする連邦政府の職員を排除することができる権限をすべての閣僚に与えるよう、議会に求める。》

アメリカの政府は、官僚のためではなく、「愛国心と信仰心をもつアメリカ国民のために尽くすべきなのだ」というのが、トランプ大統領の信念なのです。そして「**国民が自由に使えるお金**

を増やすことが国民の自由を保障することだ」というのが、保守自由主義の考え方なのです。その背景には、税金は国民の財産権の侵害であり、自由の侵害だという政治哲学があるのです。

もちろん、アメリカの場合、日本のような国民健康保険制度はないため、気軽に医療サービスを受けることができないという欠点があります。貧富の格差が大きくなっていくという深刻な社会問題も抱えています。政治の仕組みにベストなどないわけですが、はっきりしていることは、国民の自由、創意工夫に任せた方が、官僚主導よりも良い国になると、トランプ大統領は考えていることです。

トランプ大統領のこの政策は、当然のことながらアメリカの官僚たちから厳しく批判されています。官僚たちと仲の良いアメリカのマスコミも、だからこそトランプ政権を厳しく批判しているのです。彼らは、**国民から多額の税金を取ってその税金を使って、より良い政治を実現するのは自分たち官僚だと考えている**からです。

これは、国民本位か官僚本位か、という政治哲学の問題なのです。

経済政策の第三は、規制緩和です。

オバマ民主党政権は、環境保護を理由に、国内のシェール・ガスや石炭などの開発を妨害してきました。また、多国籍企業が安い人件費を求めて海外に工場を作ることを支援してきました。その結果、アメリカ国内の製造業は急速にさびれ、雇用は減っていたのです。

そこでトランプ政権は、エネルギー産業に対する規制を緩和するとともに、国内に工場を作る企業を支援する仕組みに変更しようとしているのです。

《我々は米国の歴史上のどの政権と比べても、最初の一年でより多くの規則を撤廃してきた。我々は今、世界にエネルギーを輸出する国であることを誇りに思う。

多くの自動車メーカーが今、米国内で工場の建設や拡張を進めている。これは何十年間も見られなかったことだ。クライスラーは主要な工場をメキシコからミシガン州に移転している。トヨタとマツダは、アラバマ州に工場を開設しようとしている。巨大な工場だ。

米国はまた、我々の繁栄を犠牲にし、我々の企業や雇用、富を国外に移転させてきた数十年間にわたる不公平な貿易諸協定の歴史を転換させた。経済分野で相手の言いなりになる時代は完全に終わった。これからの貿易関係は、公正であり、さらにとても重要なこととして、互恵的であることを求める。我々は悪い貿易協定を見直し、新しい協定締結に向けた交渉に取り組むだろう。我々は、我が国の貿易ルールの強力な執行を通じ、米国の労働者と知的所有権を守る。》

アメリカの主人公は国民であり、民間企業であって、官僚ではない。だとしたら、官僚たちが、民間企業の活動をあれこれと指図する「規制」はできるだけ少ない方がいい、という考え方なのです。

そもそも民間企業が商売をするに際して官僚にあれこれと申請書を出し、許可をもらわないといけないこと自体、おかしなことだと考えているのです。こうした規制緩和のおかげで世界の優秀な起業家たちがアメリカに集まってきて、アマゾンやグーグルといった世界的な企業が生まれているわけです。

「ニューディール連合」対「保守派」

このトランプ大統領の政治哲学は、実はアメリカの保守派の基本的な哲学なのです。

恐らく「アメリカの保守派の政治哲学」と言われても、ピンと来ない読者が多いでしょう。

かくいう私も実はよく分かっていなかったのですが、二〇〇六年に訪米し、保守系シンクタンクの専門家や共和党の支持基盤である「草の根保守」のリーダーたちと会って回ったことがあります。

このとき、保守系シンクタンク「ヘリテージ財団」でリー・エドワーズ博士と会ったことで、私はアメリカの保守派の政治哲学がいかなるものなのかを初めて知りました。レーガン大統領の伝記など十六冊の著作を持ち、保守主義運動に関してアメリカを代表する歴史家であるエドワーズ博士は私にこう言いました。

アメリカ・ヘリテージ財団前にて

「ソ連共産主義と手を組み、東欧と極東アジアをソ連に譲り渡し、自由主義陣営を窮地に追いやったのはルーズヴェルト大統領だ。ルーズヴェルト大統領こそ我々保守主義者にとって最大の敵であり、ルーズヴェルト大統領が構築した政治体制を打破するために現代アメリカ保守主義運動は始まったのだ。」

そう言って自著『現代アメリカ保守主義運動小史』を渡してくれました。私はその場でこの本を邦訳して日本で発刊したいと申し出たところ、了解をいただいたので、二〇〇八年に知人の渡邉稔氏の邦訳で『現代アメリカ保守主義運動小史』（明成社）として発刊しました（残念ながら現在、絶版です）。

この『現代アメリカ保守主義運動小史』を踏まえながら、アメリカの保守派の歴史を少し説明したいと思います。

昭和四年（一九二九年）十月に始まった大恐慌によって混乱した経済を立て直すため、民主党のルーズヴェルト大統領は一九三三年、大統領に就任すると「ニューディール（新規蒔き直し）」と称して「社会主義的な」政策を次々と打ち出しました。

具体的には農産物価格維持政策によって農民に利益を保証し、労働者の権利を保護する政策によって労働者の生活向上を支援したのです。このため連邦政府の財政規模は急増し、国民の税負担が高まる一方、「ニューディーラー」と呼ばれるリベラル派官僚たちの権力が肥大化し、労働組合員も一九三三年の三百万人から一九四一年には九百五十万人に膨れ上がりました。

かくしてリベラル派官僚・学者と巨大労組、そして左派マスコミによる政治勢力「ニューディール連合」によってワシントンは支配され、学校教育もアメリカ版の日教組（ＮＥＡやＡＦＴ）によって牛耳られてしまったのです。

キリスト教や伝統的価値観、家族の価値などを敵視し、社会主義的政策を推進するこの「ニューディール連合」から政治の主導権を奪い返すことが現代アメリカ保守主義運動の目標であり、その目標が曲がりなりにも達成されたのは一九八一年、ロナルド・レーガン大統領の登場によってでした。第二次世界大戦終結から実に三十六年もかかったことになります。

そして、保守主義者たちが戦ってきたこの「ニューディーラー」たちこそ、敗戦後の日本にGHQのメンバーとして訪日し、日本の伝統的価値観や家族を解体する過激な占領政策を押し付けた張本人なのです。

つまり、日本とアメリカの保守派は、同じ時期にニューディーラーたちの社会解体政策とそれぞれの国において戦っていた「同志」だったのです。

ハイエクの保守自由主義とリバタリアン

それでは、アメリカの保守自由主義者は、マスコミとアカデミズムを味方につけた左派リベラル勢力といかにして戦ったのでしょうか。

民主党ばかりか、共和党の一部さえも味方につけた左派リベラル官僚たちは、伝統的価値観やキリスト教道徳を敵視する一方で、「**貧しい人や社会的弱者を救うのは、政府の役割である**」という社会主義的発想に立って「福祉国家」路線を推進しました。しかし、社会福祉によって働かずとも人並みの生活ができると分かれば、労働意欲や自主独立の気概は後退していきます。

一方、社会福祉を行うために政府機関を多く必要とするから、政府は必然的に肥大化していきます。しかも福祉の資金調達を名目にして、国民の資産を税金と称して合法的に奪っていくことになるのです。このように福祉国家路線を歩めば、その肥大化した権力に溺れる者がいずれ現れて、社会福祉を餌に国民の私生活にまで干渉し、自由を抑圧する全体主義国家となっていく危険がある――こうした危機を警告し、「福祉国家」の暴走に歯止めをかけたのが、一九四四年に『隷従への道』を上梓したフリードリヒ・ハイエクでした。

ロンドン経済大学で教鞭を執っていたハイエクは四十五歳のオーストリア人の経済学者でしたが、政権の「計画経済政策が結局、独裁体制をもたらし」、その経済活動の方向は必然的に「国民の自由、自主独立の抑圧」を意味すると主張したのです。

しかもこの「福祉国家」の延長線上に、共産党一党独裁の共産主義体制があるとしたのです。実際にソ連と共産党は、「労働者に無料の医療、食事、住居、職場を提供する代わりに共産党一党独裁に従え」と言っていたのです。もっとも実際は、共産党の指導部と共産党員だけが優遇され、国民の大多数は言論の自由を奪われた上に、物資不足に苦しめられただけでした。

よってハイエクは、自分たちの自由を守ろうと思うならば、行き過ぎた「福祉国家」を拒否すべきだと訴えたのです。そして共産主義につながりかねない「国家社会主義、官僚統制主義」に代わって、次のような「保守自由主義」を主張したのです。

この「保守自由主義」が第二次世界大戦後、ニューディール政策という国家社会主義に立ち向かう保守派の哲学となったのです。

その中核理念は、次のようなものです。

①「小さな政府（limited government）」＝肥大化した官僚組織は重税を生み、国民の自由を抑圧する存在になるので、「減税」によって官僚組織の肥大化を抑制し、国民の自由をできるだけ守るようにする。

②「自由な企業（free enterprise）」＝政治家と官僚がさまざまな法律を作り、規制を設けることによって民間企業の活動は妨げられ、アメリカの経済は発展できなくなってしまう。よって民間企業のビジネスへの規制は少ない方がいい。

③「個人の自主独立、自由（individual freedom）」＝社会保障などでできるだけ政府に依存せずに、自分たちのことは自分ですることが、国民の自由を守ることだ。社会的な問題が起こっても、その解決を政府や地方自治体に求めないで、自分たちで解決するようにしよう。

④「伝統的なアメリカの価値（traditional American values）」＝アメリカ国民は建国以来、政府や官僚にできるだけ頼らず、国民の自由を尊重する政治を行ってきた。そうしたアメリカの古典的自由主義（classical liberalism）こそ、アメリカの伝統的価値であったはずである。

自由主義を支える五つの美徳

こうした政治哲学を現実化するためにも、ハイエクは主として次の五つの「美徳」を個々人が持つことが重要だと訴えました。

①自立心（independence）
②独立独歩（self-reliance）
③個人の創意（individual initiative）
④地域共同体への責務（local responsibility）
⑤政治権力や行政に対する健全な疑い（a healthy suspicion of power and authority）

要するに社会保障などで政府に頼らず、自分のことは自分で行い、知恵を振るって創意工夫をこらすことで社会的な成功を得るように努力するとともに、地域の課題もできるだけ自分たちで解決するようにして地方行政の肥大化を防ぐ。**何よりも政府や地方自治体は、税金を使って国民の言論の自由を抑圧したり、民間企業に対してあれこれと指図をしたりしてくるので、政府がしていることだから正しいなどとは絶対に思わないようにしよう**、ということです。

ここで誤解のないように附言しておくと、ハイエクは「独善的な自由競争主義（dogmatic laissez- faire attitude)」を手放しで擁護しているわけではないと力説していました。古典的政治経済学者であるアダム・スミスと同じように、「競争と自由社会の機能促進を目的とした法律」によって慎重に歯止めがかけられた政府機関の役割をハイエクは認めていました。政府による統制主義には反対だが、民間企業の自由競争にすべてを委ねてしまうことも問題だという考え方です。

このハイエクの政治哲学に基づいて減税と民間の企業活動への規制緩和、つまり「小さな政府」を求める人たちのことをリバタリアン（libertarian）と呼びます。

正確に言うとアメリカの保守派の大半は、伝統的な価値観を尊重すると共に「共産主義や社会主義は嫌いだが、困った人たちを助けるためには政府による福祉も必要だ」と思っています。よって「小さな政府」を求めるリバタリアンは、アメリカの保守派の中では少数派です。少数派なのですが、理論的にしっかりとしているので、いざというとき、保守派を強く牽引する存在になるのです。

このようにアメリカの保守派の一翼を担う彼らリバタリアンは「福祉や環境を名目にいろいろと規制を設け、民間ビジネスを妨害する官僚組織のために高い税金を払うなんて真っ平ごめんだ。貧しい人の支援ならば教会に多額の寄付をした方が効果的だ」として政治家を突き上げ、減税を要求するのです。

しかも彼らは保守でありながら、増税を認めた「保守」政治家に対しても容赦なく「落選」運動を仕掛けてきました。そうした政治家と納税者たちとの厳しい緊張感の中でリバタリアンに支援されたトランプ大統領は今のコロナ不況に際しても、早々に大規模「減税」を含む二兆ドル（約二百二十兆円）規模の経済対策を決定したわけです。

因みにこのリバタリアンは、国家の役割は「国防」、「国内の治安の保全」、「国民間の裁判」の三つで十分だという立場です。そして、この三つをコントロールするためにも、「国民の自由は最大限尊重されなければならない」と考えているわけです。

「政治権力や行政に対する健全な疑い」

よって共産党という一党独裁のもと、共産党員という官僚たちが国民の自由を抑圧し、民間企業の活動を妨害する政治体制は、トランプ大統領ら保守派には耐えられないことなのです。

ところが中国大陸に進出したアメリカ企業は、中国共産党によってあれこれと規制を加えられ、知的財産を差し出すよう強要されています。

保守自由主義を掲げるトランプ大統領が、一党独裁の中国共産党政府や、旧ソ連の共産主義体制を擁護するロシアに対して敵対的になるのは当然のことなのです。

ですから二〇一八年一月三十日の一般教書演説でもトランプ大統領は、世界の平和を乱しているのは「中国やロシアなどのライバルだ」と名指ししました。

前任のオバマ民主党政権は、中国との「友好」を重視し、南シナ海に中国が軍事基地を作ったり、尖閣諸島を脅かしたりしても容認してきました。だが、トランプ共和党政権は、そうした中国の軍事的侵略、挑発を正面から批判したのです。

《米国が国内でその強さと自信を立て直すとき、我々は国外でも強さや存在感を取り戻している。世界各地で我々はならず者政権やテロ組織、我々の国益や経済、価値観に挑む中国やロシアなどのライバルと対峙している。

こうした恐ろしい脅威に立ち向かうとき、我々が知っているのは、弱さが間違いなく争いを呼び込み、比類なき力こそが本当にすぐれた防衛の最も確実な手段となることだ。

私は国防費の危険な強制削減をやめ、我々の偉大な軍隊を十分な財政で支えるよう議会に求めたい。》

そして中国などによる軍事的挑発を阻止するためには、防衛費を増やして防衛力を強化することが重要だと指摘しています。いくら話し合いをしようとも、「力なき正義は無力なり」と考えているのです。

政府任せ、官僚任せにしてしまうといつの間にか、インテリジェンス機関や軍隊が勝手に暴走して、国民を弾圧する側に回ってしまうことになりかねない。よって「**減税と規制緩和で国民が豊かになることがアメリカを強くすることであり、そうした保守自由主義のもとで政治権力や行政当局に対する健全な疑いを持つ国民がいるからこそ、強大な軍隊やインテリジェンス機関をコントロールして、一党独裁の中国共産党や北朝鮮、ロシアとも対峙できる**」と考えるのがアメリカの保守派なのです。

日本では、インテリジェンス機関の話になると、外務省、警察、法務省のどこに置くのかとか、機密の保全をどうしたらいいのかといった専門的な議論になってしまいますが、大前提として、このインテリジェンス機関と保守自由主義、共産主義の関係は極めて重要なので、よくよく考えておくべきだと思います。

なお、日本における保守自由主義のあり方については『コミンテルンの謀略と日本の敗戦』（ＰＨＰ新書）と『天皇家百五十年の戦い』（ビジネス社）において書いておりますので、関心のある方は是非ご高覧下さい。

第9章

インテリジェンスを支える富国強兵

「DIME」

ここまでインテリジェンスについて様々な角度から論じてきましたが、本書の最終章では、**「インテリジェンスを本当に生かすためには、軍事力や経済力が必要だ」**ということを論じたいと思います。

拙著『知りたくないではすまされない』（KADOKAWA）でも書きましたが、新聞・マスコミが連日のように北朝鮮の核・ミサイル危機で騒いでいた平成二十九年（二〇一七年）秋のことです。

「アメリカの空母が日本周辺に来たことから、日本のマスコミは『トランプ政権が金正日に対して斬首作戦を発動するつもりだ』と大騒ぎだ。トランプ政権はいつ、北朝鮮への爆撃に踏み切るのか」

アメリカで会った元米軍関係者にこう質問をしたら、彼は苦笑してこう答えました。

「北朝鮮だけを見ていては、判断を誤る。われわれは現在、アジア太平洋方面では、二つの大きな脅威に直面している。短期的には北朝鮮。長期的には中国が自国の利益を確保するために軍事力を使おうとしていることだ」

私が怪訝な顔をしていたのでしょう。彼はこう続けました。

「北朝鮮の核開発を阻止すべく国際社会と米国はこの二十数年の間に五回、核開発中止で合意し、五回とも騙された。なぜ北朝鮮との交渉に失敗してきたのか。われわれ（米軍）は、話し合いによる解決を優先する国務省に交渉を任せてきたことと、北朝鮮の背後にいる中国を抑え込もうとしなかったことが原因だと考えている」

彼は平成六年（一九九四年）当時、北朝鮮の核危機に対して軍事攻撃計画の立案に関与したことがある元米海軍の情報将校です。「元」とは言え、現在も民間シンクタンクの一員として北朝鮮問題にも関与しています。

確かに国際社会とアメリカは、北朝鮮との核開発交渉で五回にわたって核放棄の約束を交わし、五回とも裏切られています。北朝鮮との核交渉は、国際社会とアメリカの敗北の歴史でした。

では、なぜ敗北したのか、「アメリカ国務省に交渉を任せたこと」と、「北朝鮮の背後にいる中国を抑え込まなかったこと」が原因だと、米軍の元情報将校は分析しているわけです。

「それでは、北朝鮮の核ミサイル問題を解決するためにも、中国を抑え込むことが重要だという考えか」

そう質問しながらも、トランプ政権はどうやって中国を抑え込むつもりなのか、内心では疑問でした。すると、彼はこう続けました。

「北朝鮮の脅威は、軍事だけといえる。経済力がないため、中国に比べればそれほど難しくない。中国は経済力をもっているため、中国に対して軍事は重要だが、それ以上に外交、諜報、経済などの分野で中国を抑止していくことが重要だ」

まさか元軍人から経済の話が出てくるとは思いませんでしたが、中国が「一帯一路」構想も含め経済、諜報、外交と連動させてアジア太平洋方面に進出してきている以上、こちらも軍事だけで対中戦略を考えるわけにはいかない、というのです。

このようにDiplomacy（外交）、Intelligence（諜報）、Military（軍事）、Economy（経済）の

四分野で戦略を考えることを、その頭文字をとって「DIME」といいます。

この「DIME」について国家安全保障局の次長を務めた兼原信克《かねはらのぶかつ》・前内閣官房副長官補が月刊『正論』二〇二〇年四月号に投稿した「このままではこの国を守れない」と題する論文の中でこう指摘しています。

《NSCの役割は、まだ広く理解されているとは言えません。アメリカのNSCの人たちはよく「DIME」と口にします。ディプロマシー（外交）、インフォメーション（情報）、ミリタリー（軍）、エコノミー（経済）の頭文字をとったものです。総理大臣による「DIME」の総合判断がシビリアンコントロールの本体であり、有事における総理大臣の戦略的指導の正体です。》

第二次安倍政権のもとで創設された国家安全保障局は、アメリカの「DIME」という戦略的思考に基づいて国家戦略を策定する機関であることを、当事者が認めたわけです。

ここで兼原前次長は、Iをインテリジェンスではなく、インフォメーション（情報）としていますが、その意味するところはほぼ同じだと言って構わないと思います。というのも兼原前次長は、インフォメーションには、インテリジェンスの意味合いがあることをこう認めているからです。

《このなかの「I」には戦略的コミュニケーションがはいります。フェイクニュースにどう対抗するか、国際世論をどう構築するかという問題です。「歴史戦」はこの分野です。国際世論戦でいかにリーダーシップを握るかです。》

ここで考えてもらいたいのは、「DIME」という形で四つを組み合わせていることです。インテリジェンスだけではダメだし、軍事だけでも、経済だけでも、外交だけでもダメなのです。外交、インテリジェンス、軍事、経済の四つを連動させるところに意味があるということなのです。

要はインテリジェンスだけでは不十分だということなのです。

例えば、中国共産党政権の軍事戦略や軍事力を正確に分析できたところで、それを抑止するためには最終的に「パワー」の裏付けが必要になってきます。よってトランプ政権は、必死に経済成長を図るとともに、中国の軍事的経済的暴走を抑止するために、国防費を毎年七兆円近く増やし、懸命に軍拡をしているのです。

軍事力だけで中国の暴走を抑止できるわけではありませんが、経済力、軍事力の裏付けがあってこそ外交、インテリジェンス、そして米中貿易戦争に勝利できると考えているのです。

尖閣をめぐる米中の鍔迫り合い

軍事力の裏付けのないインテリジェンス、外交は迫力に欠けることを、実例を踏まえて説明したいと思います。

令和元年（二〇一九年）十二月、尖閣諸島をめぐる重要なニュースが流されました。

《沖縄県・尖閣諸島（中国名・釣魚島）の領海に２００８年12月８日、中国公船が初めて侵入した事件で、公船の当時の指揮官が29日までに共同通信の取材に応じ、中国指導部の指示に従った行動だったと明言した上で「日本の実効支配打破を目的に06年から準備していた」と周到に計画していたことを明らかにした。指揮官が公に当時の内実を証言するのは初めて。

証言したのは、上海市の中国太平洋学会海洋安全研究センターの郁志栄《ユージーロン》主任（67）。当時は海洋権益保護を担当する国家海洋局で、東シナ海を管轄する海監東海総隊の副総隊長として、初の領海侵入をした公船に乗船し指揮していた。》（二〇一九年十二月三十日付共同通信）

中国の政府機関の一員が「日本の実効支配打破を目的に06年から準備して」尖閣海域に侵入したことを明言したのです。

本来ならば、安倍政権はこの報道の真偽を習近平政権に問うべきだし、恐らくそうしていると信じたいと思います。明確なことは、習近平政権は、訪日（その後、新型コロナの件で延期になった）を前に改めて尖閣諸島を支配する国家意思を明確にしてきたわけです。

この報道に対して日本政府がどのような反応を示すのか、試してきたわけです。当然、日本の国家安全保障局では、この郁志栄発言が何を意味しているのか、この発言に対してどのように対応すべきなのか、懸命に情報を収集・分析し、対応策を官邸に上げたはずですが、公的な対応はなされていません。

この中国共産党政権の挑発に対して明確な反論をしたのは、日本政府ではなく、トランプ政権でした。

《2020年1月14日、中国紙・環球時報は、「米中関係が悪化すれば、尖閣諸島に極超音速ミサイルを配備する」と米陸軍の高官が述べたと報じた。

環球時報によると、米陸軍のライアン・マッカーシー長官は10日、米シンクタンク、ブルッキングス研究所で行われたインタビューで、米陸軍が中国とロシアに備えるため、電子戦、サイバー攻撃、極超音速ミサイルなどによる作戦を行うことができる「マルチドメインタスクフォース」を太平洋地域に配備する計画に言及した。

そして、「今後、米中関係が悪化し、対立が激しさを増すネガティブな状況になった場合、どのように配備するか」と問われると、「尖閣諸島、もしくは南シナ海のどこかに、この新しい部隊を配備することができる」と述べたという。《翻訳・編集／柳川）》（一月一五日付 Record China）

中国共産党政権がこれ以上、尖閣や台湾などに干渉を強めるなどして米中関係を悪化させるつもりならば、尖閣諸島に特殊部隊を配備するぞと、アメリカ陸軍長官が反論したのです。

口頭でいくら抗議されたところで、中国は痛くも痒くもありません。現に安倍政権がいくら批判したところで、中国は尖閣諸島の周辺海域に連日のように公船を派遣し、日本を脅かしています。しかし、米軍のように実際に特殊部隊を尖閣諸島に配備すると言われれば黙らざるを得ません。

軍事力の後ろ盾がない日本が抗議するよりも、トランプ政権に反論してもらった方が効果的だ。こう考えて安倍政権が、マッカーシー陸軍長官にこうした反論を言わせたのかも知れません。

ですが、明確なことは、軍事力の裏付けがない日本政府は、中国に対して口先の抗議しかできず、相手にされていないということです。

であるならば、尖閣諸島を脅かす中国に対抗するためには、軍事力の整備が必要になってくるわけですし、国家安全保障局もそうした提言を官邸にしていると信じたいですが、自衛隊の現状はひどい状態です。

日本の「宇宙部隊」はたった二十人

安倍政権が歴代の政権に比して、米軍と連携して中国や北朝鮮の脅威に対応する防衛力整備に努力していることは明らかですが、圧倒的に足りないのです。

「これでいいのか防衛予算」と題した特集が月刊『正論』二〇二〇年三月号で組まれていて、神谷万丈防衛大学校教授はこう指摘しています。

《いかなる政策構想も、実践には十分な資源の投入が不可欠だ。カネやヒトが相応に準備されていなければ、優れた政策構想であっても絵に描いた餅に終わってしまう。この観点からみたとき、防衛支出の現状は不安を禁じ得ない。》

我が国の防衛産業に対するサイバー攻撃が話題になっていて、防衛計画の大綱には《「サイバー領域における能力強化」がうたわれているものの、目玉となるサイバー防衛隊は約二百二十名から約二百九十名への増員が要求されているにすぎない。（中略）政府全体のサイバー安全保障向けの予算も二〇年度概算要求段階で約八百八十一億円にとどまっており、米国が二〇年予算教

書で国防総省だけで九十六億ドル（約一兆円）を計上しているのとは大きな開きがある。》

通信衛星をめぐる宇宙軍についても二〇年度に新設される日本の「宇宙防衛隊」は二十人規模であるのに対して令和元年（二〇一九年）十二月に発足した米国の宇宙軍は一万六千人規模です。

因みに中国では平成二十七年（二〇一五年）十二月にサイバー、宇宙戦を担当する「戦略支援部隊」が創設されています。その実態は極秘とされていますが、米国のＣＩＡ、国家安全保障局（ＮＳＡ）、航空宇宙局（ＮＡＳＡ）、国防総省の軍事衛星担当組織、電子戦実施部隊を合体した「化け物のような組織」だといいます（渡部悦和『中国人民解放軍の全貌』扶桑社新書）。

化け物のような中国の「戦略支援部隊」に対抗するため、トランプ政権は一万六千人規模の「宇宙軍」を創設したのに対して、中国と隣接している日本の「宇宙部隊」はたった二十人なのです。

日本はやる気がない。中国に立ち向かうつもりもない。米中両国を含む関係国からこう思われているのは間違いありません。

宇宙戦をめぐる米中両国の鍔迫り合いについて日本の国家安全保障局は懸命に情報を収集し、分析し、その対応策を検討しているでしょうが、たった二十人の「宇宙部隊」しか創設できないのなら、情報を収集し分析する意味が果たしてあるのか、と言わざるを得ません。

しかもサイバーや宇宙戦のために予算は通常予算を削って捻出されているので、現有の国土防衛線も危うくなってきているのです。月刊『正論』二〇二〇年三月号に掲載された同じ特集で岩田清文元陸上幕僚長はこう訴えています。

《我が国で製造が難しい高価な装備を優先的に導入せざるを得ないなどの予算構造上のしわ寄せにより、弾薬・誘導弾、そして装備関係費を圧迫している。その昔、「たまに撃つ、弾がないのが、弾に瑕」と揶揄された時代があったが、このような状態は過去のものとしなければならない。》

要は防衛費をほとんど増やさないまま、「サイバーだ、宇宙部隊だ」と新しい任務を増やしているため、通常の自衛隊の兵力が削られてしまっているわけです。このため、弾薬や誘導弾なども不足していて、いざというとき、戦えない自衛隊になってしまっていると、悲鳴をあげているのです。

もちろん、こうした自衛隊の実態と、それを安倍政権が放置していることを、中国、アメリカ、ロシアなど各国のインテリジェンス機関はきちんと調べ、分析しています。

だから中国は当然のように、尖閣海域に公船を派遣して、我が物顔に振る舞っているのです。

いくらインテリジェンスが充実しても、日本政府がその情報を活用し、対策を打たなければ「猫に小判」なのです。

台湾総統選をめぐる日本の勘違い

「軍事力」なき外交など通用しない実例をもう一つ、挙げておきましょう。

台湾の総統選が令和二年（二〇二〇年）一月十一日、投開票され、中国の圧力に抵抗する姿勢を示してきた民主進歩党の蔡英文《ツァイインウェン》総統（63）が親中路線の野党、中国国民党の韓国瑜《ハングオユー》高雄市長（62）に大差をつけ、史上最高得票で再選を果たしました。

一月十二日付産経新聞電子版は、以下のように報じています。

《台湾で11日に投開票された総統選は、中国と距離を取る民主進歩党の蔡英文総統が過去最多の817万票を得たことで、中国との統一に対する有権者の拒否反応が改めて示された。

2016年の民進党への政権交代は、中国国民党の馬英九《マーインチウ》政権が進めた対中傾斜への反発だったが、今回の結果は、それを上回る対中拒否感の強さを示した。》

蔡総統再選の要因として産経新聞は「対中拒否感の強さ」を挙げていますが、それは立法委員選挙での、「台湾独立」志向の政党の台頭からも明らかでしょう。

《台湾の総統選とともに11日に投開票が実施された立法委員（国会議員に相当）選では、与党の民主進歩党が定数113のうち61議席を獲得し、単独過半数を維持した》《一方、十一月の立法委員（国会議員に相当）選で、民進党は過半数は維持したものの、現有68議席から7議席減らした。主な原因は比例区の5議席減で、同じく「台湾独立」志向とされる柯文哲台北市長の台湾民衆党（比例5議席）や時代力量（同3議席）に比例票が流れたとみられる。》

香港民主化の弾圧を主導する習近平政権への反発が、蔡総裁の圧勝と独立志向派の躍進を生んだわけです。一月十三日付産経新聞の「主張」もこう指摘しています。

《一昨年の統一地方選での敗北で窮地に追い込まれた蔡氏が復活したのは、「一国二制度」による統一を迫った中国の習近平国家主席に拒否の態度を貫いたからだ。

香港情勢が蔡氏の認識の正しさを裏付けた。「一国二制度」をないがしろにする中国への抗議デモと警察隊の弾圧に「今日の香港は明日の台湾」との危機感が広がったのである。》

ですが蔡総統再選を支えた要因として、トランプ政権の軍拡も指摘しておくべきなのです。

台湾総統選前日の一月十日、トランプ政権は、中国に対抗するため太平洋地域に二つの特別部隊を配置する計画を明らかにしていました。これは、前述した尖閣諸島に配備するかもと言っていた特殊部隊のことです。

《米陸軍のライアン・マッカーシー長官は10日、太平洋地域で中国に対し情報、電子、サイバー、ミサイル作戦を展開する2つの特別部隊を配備する計画を明らかにした。部隊の展開は今後2年にわたる見通しだとし、「中国が米国の戦略的脅威として台頭する」ため、米陸軍は太平洋地域でプレゼンスを改めて拡大するとした。

新たな部隊の配備は中国とロシアがすでに備える能力の無効化に寄与する見通し。マッカーシー長官は、部隊が長距離精密誘導兵器や、極超音速ミサイル、精密照準爆撃ミサイル、電子戦力、サイバー攻撃能力を備える可能性があると述べた。》（一月十日付ロイター）

この米軍の特殊部隊は、台湾侵攻用に配備している中国軍の侵攻を抑止するためのものです。わざわざこの特殊部隊の配備を台湾総統選の前日に、アメリカ陸軍司令官が発表したのは、中国を牽制し、台湾の人たちを勇気づけるためであることは明らかです。

台湾の皆さん、中国に対抗する蔡英文を支持しても、トランプ政権が味方になるので安心して投票してください――。

こうしたメッセージをトランプ政権は、台湾の人々に送ったのです。

現在の日本もそうですが、軍事的に強大な中国にあからさまな反抗を示したら報復されるのではないか。そうした恐怖心が、台湾でも根強いです。

現に中国共産党に宥和的な国民党の韓国瑜候補も敗北したとは言え、前回よりも百七十一万票も増やしています。「中国と仲良くした方がいい」と考える台湾の有権者も増えているのです。

《国民党の韓国瑜高雄市長は、16年総統選で惨敗した同党の朱立倫氏の得票数（381万票）から171万票も上積みした。韓氏は政権批判以外の主張がほとんどなく、18年11月の統一地方選で示された蔡政権への不満がいまだに根深いことも明らかになった。》（一月十二日付産経新聞）

短期激烈戦争に対抗する米軍

因みに今回、米軍が発表したこの配備計画は、中国の最新の軍事戦略に対応したものです。

《人民解放軍は、現段階においては、戦力に勝る米軍と本格的な戦争をしようとは考えていない。しかし一方で、短期で地域を限定した作戦を実施し、米軍が本格的な行動を開始する前に決着を

つける考えだ。》（渡部悦和『中国人民解放軍の全貌』扶桑社新書）

これは「短期激烈作戦」（ショート・シャープ・ウォー）と呼ばれていて、次のようなものです。

《人民解放軍の作戦の基本は、陸海空の通常戦力のみならず、弾道ミサイル、衛星破壊兵器、サイバー・電子戦能力、さらには特殊部隊や武装民兵等を活用し、あらゆる作戦領域（ドメイン）において米軍の脆弱性（アキレス腱）を攻撃することだ。》（前掲書）

その対象は、台湾、そして尖閣・沖縄です。この「短期激烈作戦」を実行するため中国の習近平政権は平成二十七年（二〇一五年）十二月、人民解放軍の大改革を実施しています。それまで陸軍、海軍、空軍の三軍種と、第二砲兵で編成されていましたが、第二砲兵をロケット軍と改称・格上げし、四軍種にしたのです。

《習近平主席は、ロケット軍について、「中国の戦略抑止の中核であり、国防の礎である」と発言している。新設されたロケット軍は、全て（地上発射、海上・海中発射、空中発射）の核弾頭

及び通常弾頭の戦略ミサイルを担当する》（前掲書）

さらに《サイバー戦、電子戦、宇宙戦、情報戦を担当する》戦略支援部隊も新設しています。

このように専門部隊を新設して準備を進めている中国共産党政権の「短期激烈戦争」から台湾を守るべく、トランプ政権は、二つの特殊部隊を配備すると明言したわけです。

このように、アジア太平洋の自由と平和をめぐって米中間では「貿易」戦争だけでなく、激しい「軍拡」競争が繰り広げられています。

だからこそ台湾総統選で再選を決めた翌日、蔡総統は米国の代表と会談し、米台軍事協力の強化を申し出たわけです。

《蔡氏は12日午前、米国の対台湾窓口機関、米国在台協会（ＡＩＴ）のクリステンセン台北事務所長（駐台大使に相当）と会談。（中略）「協力を通じて防衛能力を強化し続けたい」とも語り、米側にさらなる武器の売却や軍事技術の供与を要請。》（二〇二〇年一月十二日付産経新聞電子版）

力なき正義は無力なり。

中国の軍拡から台湾の自由と民主主義を守るためには、軍事力の裏付けが必要だと、蔡英文政権もトランプ政権も考えています。かくして中国の拡張主義に対抗して米台軍事協力はますます強まっていくと予想されますが、問題は日本です。

日本は「国際的なプレイヤー」か

新型コロナの影響で延期することになりましたが、当初は令和二年（二〇二〇年）春、中国の習近平国家主席を「国賓」として迎えようとしていました。これへの批判を念頭に外交評論家の田久保忠衛《たくぼただえ》氏が「米国の対中政策は非常に厳しいものがありますが、総理の対中政策は少なくとも短期に関する限りは、米国と違ってきているのではないか」と尋ねたところ、安倍総理はこう反論しています。

《トランプ氏が大統領に当選された直後、私はニューヨークのトランプタワーを訪問して長時間話をしましたが、中心的テーマは中国でした。熱心に聞いていただいた。基礎認識について日米は変わりありません。》（月刊『正論』二〇二〇年二月号）

その中国について安倍総理はこう発言しています。

《中国は中長期的に国際社会において、最大の課題でもある。もちろん最大のチャンスでもあるわけですが、膨大な費用を使って軍事力を増強し、東シナ海、南シナ海で一方的な現状変更の試みをしようとしている。こうした中で、日本は長い間、国際的なプレイヤーたろうとしなかった。私は、それでは日本や地域の安全は守れないと考えていました。》

中国が脅威であり、その脅威に立ち向かうために日本が《国際的なプレイヤーたろう》とすることが重要だという指摘には全面的に賛同します。問題は、その具体策です。安倍総理はこう強調しています。

《日本も、この地域の安全保障に対して責任を持たねばならないのです。強固になっている日米同盟をテコに、日米だけでなく、日米豪、あるいは日米豪印といった「同盟ネットワーク」を広げていく努力が必要です。》

確かに多国間軍事ネットワークを構築することも一つの方策ですが、弱者の連合など、中国には通用しません。尖閣周辺海域を脅かす中国公船の存在を見れば、通用していないことは明らかです。

だからこそトランプ政権は大規模減税と規制緩和に踏み切って米国経済を必死に成長させつつ、毎年、防衛費を七兆円近くも増やして中国に対峙しようとしているのです。

一方、安倍政権は、景気が悪化することを分かっていながら消費税を二度にわたって増税し、政権発足時の公約であった「デフレからの早期脱却」は遠のきつつあります。今回のコロナ不況でもアメリカやイギリスなどに比して、その経済対策は遅く、少ないため、日本経済の落ち込みは極めて深刻になりそうです。

第二次安倍政権発足以来、尖閣を含む南西諸島防衛に尽力しているものの、トランプ政権が同盟国に求めている防衛費ＧＤＰ比二％に対して、日本は一・一％に過ぎません。

「トランプ政権の努力と他国との連携に頼るだけで、日本自らが中国に対峙するつもりはないのではないか」、「台湾が攻撃されたとき日本はどうするつもりなのか」と問い詰められたら、どう答えるのでしょうか。いくら外交で頑張り、インテリジェンス機関を充実させたところで、肝心の軍事力の裏付けがなければ、大きな効果を発揮することはできないのです。

インテリジェンスは万能ではありません。軍事力の裏付けが必要なのです。そして軍拡を進めるためにはどうしても経済力が必要になってくるのです。

日本のGDPは中国の8分の1以下に

そこで最後に、台頭する中国と対抗するうえで、いかに景気回復が重要であるか、ということについて考えたいと思います。

実は第二次安倍政権成立の直前まで国際社会、特に世界のエコノミストたちは「日本はもう終わった国だ」「日本はもはや経済大国などではなく、衰退していく国」と見なしていました。

何しろ日本の経済人のトップたちが集まる日本経団連自身が民主党政権時代の平成二十四年（二〇一二年）四月十六日、『グローバルJAPAN』という近未来予測レポートを公表していますが、そこでは、次のような予測を示しているのです。

・二〇五〇年、中国の人口は十三億人、インドが十七億人だが、日本は九千七百万人に減少し、しかも四人に一人が七十五歳以上になる。

・人口減少の本格化で、二〇三〇年代以降の日本経済は全てのシナリオで恒常的なマイナス成長となる恐れがある。

・世界GDP（国民総生産）ランキングを見ると、二〇五〇年には、中国が米国に代わって1位となり、次いで米国、インドという順で、日本は最善のシナリオでも世界第4位になる見込み。その規模も、米中の6分の1、インドの3分の1以下だろう。最悪の場合、中国の8分の1以下、インドの5分の1、インドネシアと同じで世界9位に転落することになる。

こうした悲観的な予測が出された背景には、先進国の中で日本だけが平成六年（一九九四年）以降、全く経済成長をしていないという現実があります。デフレで物価が上がらなければいいではないかと思うかも知れませんが、経済学では、健全な経済成長のためにもマイルド・インフレーションといって年率二〜四％程度の物価上昇が必要だとされています。ところが日本では二十年以上、物価はほとんど変わらず、経済も成長しませんでした。

会社の経営者からすれば、正社員の給与を毎年数％ずつ増やさないといけません。しかし、日本全体の経済が成長せず、会社の売上が増えないのに正社員の給与を毎年上げようと思えば、他の経費、例えば事務所代や人件費といった固定費を削らざるを得ません。そこで、いま会社にいる正社員を定期昇給させていく代わりに、その分の人件費を削るために新規採用を減らしたり、給料の安い非正規雇用を増やしたりするようになったのです。

かくしてデフレが始まった一九九〇年代後半から、新規採用の減少、つまり就職氷河期が始まったのです。同時に派遣社員のような非正規雇用が急増し、現在四十五歳以下の方々の多くが、非正規雇用と低賃金労働を余儀なくされるようになったわけです。

しかも平成二十一年（二〇〇九年）から平成二十四年（二〇一二年）まで続いた民主党政権は、

「円高容認」政策をとりました。円高になると、日本の輸出産業は大きくダメージを受け、製造業を中心に海外移転が進み、日本国内の雇用は減少し、ますます不景気になったのです。

かくして平成二十五年（二〇一三年）の時点で非正規雇用者は千九百六万人で、実に全体の三人に一人が非正規となってしまったのです。男性の非正規雇用者の平均年収は二百二十五万円程度ですので、月給にすると十八万円で、税金などを差し引く手取りは十五万円程度でしょうか。

非正規ですから、いつクビになるかも分かりませんし、何よりも定期昇給がないので、何年勤めても月給が上がる見込みもありません。これでは結婚どころではありません。少子化が深刻な問題になっていますが、その背景には、いまや成人男子の五人に一人が結婚しないという現実があるのです。この男性の非婚化と非正規雇用の急増とは密接につながっていると見るべきでしょう。

そして今、結婚もせず、安い給与のまま中年になり、親の介護を抱えたり、病気になったりしたことで非正規雇用さえも続けることができなくなった人たちが急増しているのです。

デフレは、戦争以上のダメージを与えてきた

平成三十年（二〇一八年）六月二日、ＮＨＫスペシャル『ミッシングワーカー　働くことをあきらめて…』という番組が放映され、話題を呼びました。番組の解説はこう訴えています。

《今、働き盛りのはずの40代・50代に異変が起きている。長期間、働けずにいる労働者が急増しているのだ。

彼らは求職活動をしていないため、雇用統計の「失業者」に反映されず、労働市場から〝消えた〟状態だ。こうした人は先進各国でも増加し、欧米の社会学者は「ミッシング・ワーカー」として問題視している。

日本では、40代・50代の「失業者」の数は72万人。一方、専門家の推計で「ミッシング・ワーカー」は１０３万人に上る。背景には、非正規労働の急増がある。非正規労働者は転職を繰り返すうちに、低賃金かつ劣悪な仕事しかなくなり、転職に失敗すると、八方ふさがりの状況に陥る。中高年になると病気や親の介護など、様々なことから転職につまずき、その結果、労働市場から排除された状態が長く続き、「ミッシング・ワーカー」となってしまうのだ。

さらに深刻なのは、独身中高年が増えていることだ。40代・50代の独身中高年は、６５０万人。親の年金などに依存していると「消えた労働者」の問題が見えにくく、支援が行き届かないまま事態が深刻化するケースが続出している。番組では、「ミッシング・ワーカー」の実態に密着ルポで迫るとともに、解決の糸口を探る。》

本当に深刻な問題です。しかもこうした方々が高齢になり、介護が必要となったとき、誰がこれらの人々を支えるのでしょうか。事態は今後ますます深刻になっていくと思われます。二十年以上続いたデフレはある意味、戦争以上のダメージを国民に与えてきたと言えるでしょう。

国際社会を見回すと、二十年もデフレが続いたのは日本ぐらいで、日本だけが取り残されつつあるのです。

例えば、外務省経済局国際経済課が平成三十年（二〇一八年）三月に公表した「主要経済指標」によれば、いまや日本の一人あたりの国民所得は三万七千九百三十ドルで、フィンランドの八万二千三百三十ドルの半分以下であり、ベスト二十位からも転落しています。

繰り返しますが、このままデフレが続けば、前述の経団連の予測だと、令和三十二年（二〇五〇年）の日本の経済規模は最悪の場合、中国の八分の一以下、インドの五分の一、インドネシアと同じで世界九位に転落することになるというのです。

これが何を意味するかというと、日本は現在の先進国首脳会議、いわゆるＧ７から脱落し、国際社会に対する影響力を失い、代わって中国が世界のリーダーになっていくということです。経済規模が中国の八分の一以下になれば、少なくとも日本の企業の多くは中国に買われ、中国人の株主のもとで日本人はこき使われることになるでしょう。日本は、香港のような「属国」として中国に怯えて生きていくしかなくなるかも知れないのです。

このようなデフレを脱却し、再び経済を成長させない限り、日本の三十年後は、中国の属国になりかねないのです。言い換えれば、**いくらインテリジェンス機関が優秀であっても、軍事力の裏付けがなく、かつ経済的に成長しなければ大国に対抗できません**。だからこそ明治維新の元勲たちは、「富国強兵」を国家目標に掲げたのです。まず国を豊かにし、その豊かさを背景に軍拡を進め、列強に対抗しようという戦略です。

ビスマルク宰相のアドバイス

この「富国強兵」の重要性を日本に教えてくれた一人が、ドイツのビスマルク宰相でした。

国際政治アナリストの伊藤貫氏はその著『歴史に残る外交三賢人』（中公新書ラクレ）の中で、明治六年（一八七三年）三月、訪欧中の岩倉使節団がベルリンでビスマルク宰相と会った際に、次のようなアドバイスを受けたことを紹介しています。

《諸君は、列強諸国と結んだ不平等条約の改定を目指しておられるという。しかし欧米列強が「日本は、近代的な法制度を整備した」という理由だけで、日本との条約改定に応じるかどうかには疑問がある。国際法は、諸国の権利を保護する不変の取り決めだと言われている。しかし列強諸国は自国の利益になる時は国際法や条約を守るが、自国の利益にならないと思えば、あっさりそれを無視して武力に訴える。諸君、それが国際社会の現実である。欧米列強は礼儀正しく他国と交際しているように見えるが、そんなものは表面的なふるまいにすぎず、実際には弱肉強食が国際関係の真の姿である。

プロイセンも昔は、現在の諸君たちと同様に貧乏な弱小国であった。我々は数多くの屈辱を味わわされた。私はあの頃のことを、決して忘れていない。諸君は国際法や条約のことばかり気にするよりも、富国強兵して実力をつけることに尽力していただきたい。諸君は実力をつけて独立を守るべきだ。そうしないと、列強の植民地獲得競争の餌食になってしまうかもしれない。》

伊藤氏は、このアドバイスを聞いた岩倉使節団の様子をこう記しています。

《「近代的な法制度を整備しても日本に実力がない限り、欧米諸国は日本を対等な国として扱わないだろう。諸君は実力をつけることを最優先したまえ」というブルータルまでに率直なビスマルクの助言は、岩倉使節団を奮い立たせた。》

ビスマルク流に言えば、日本を本当に守りたいと思うならば、中国の侵略を跳ねのけるだけの「経済力と軍事力」を持つことに尽力すべきだ、ということです。

第二次安倍政権のもとで国家安全保障会議、そして国家安全保障局が創設され、外交、インテリジェンス、軍事、経済の四つを組み合わせて情報を収集・分析し、国家戦略を策定する仕組みが整ったわけです。

せっかく策定された国家戦略を実効性のあるものとするためにも、その裏付けとなる「富国強兵」を進めることが重要なのです。

逆に経済政策に失敗すると、全体主義、共産主義が台頭することになりかねません。現に戦前のアメリカで、日本で、そしてヨーロッパのドイツなどで共産主義が台頭したのも、不況が原因でした。

経済政策の失敗と不況が、共産主義やニューディール政策という疑似国家社会主義の台頭を生み、結果的に東側に一党独裁の全体主義政権群を生んでしまったわけです。こうした直近の過去の歴史を学ぶとき、経済政策の重要性は何度強調しても強調し足りません。

歴史は繰り返します。

今回も昭和四年（一九二九年）の大恐慌と同じか、それ以上の経済危機が訪れつつありますが、この世界的なコロナ不況に際して、補助金を配ることで政府・官僚の統制を強める国家社会主義か、それとも一時的な給付はするものの、減税と規制緩和で国民と民間企業の活力を守ろうとする保守自由主義か。どちらに軸足を置くのか、世界も日本も問われています。

大規模な経済政策を打つのは当然のこと、「政府・官僚の統制、つまり政府への依存を強める国家社会主義」ではなく、「減税と規制緩和で民間活力を生かしながら経済回復を目指す保守自由主義」を是非とも採用してもらいたいと、切に切に願ってやみません。

おわりに――マッカーシズムの反省

インテリジェンス機関を民主的に運用するためには、保守自由主義の哲学が必要であることを本書で力説しましたが、それではアメリカはインテリジェンスを上手く活用してきたのかと言えば、決してそうではありません。

そこで、最後にインテリジェンスに関する失敗とその教訓について、アメリカ共産党を例に論じておきたいと思います。

アメリカ共産党はコミンテルンの支部か

日本では、いまだに共産党を普通の政党と同じように考えている人が多いようです。しかし、「暴力革命やスパイ工作を容認して議会制民主主義を守ろうと思っていないこと」と、「ソ連の支持を優先し、国民の意思を軽視している」という二点において、普通の政党とは決定的に異なっていました。

旧ソ連の公文書などが公開されたことにより、いまでこそ各国の共産党が「コミンテルンの支部」として発足したことは自明となっていますが、実はほんの二十年ほど前までは、「ソ連、コミンテルンと共産党は別だ」という意見が優勢だったのです。
アメリカ共産党研究の専門家であるハーヴェイ・クレアたちは、こう指摘しています。

《アメリカ合衆国共産党の歴史については二つの見解が対立している。
古い方の見解は、1950年代に現れたものであり、アメリカ合衆国共産党は独立したアメリカの政党ではなく、ソ連と固く結びつくことで生命を維持している組織だと考える。これを支持する学者は、ソビエトとの結びつきこそアメリカ共産主義の決定的な側面であると見なしており、党のさまざまな現場での活動を研究することの重要性は認めるものの、党がソビエトの必要に合わせてその方針を唯々諾々と変更したことやアメリカ共産主義のスターリン主義的本質を築き上げるのに党指導部が決定的な役割を果たしたことに注意を向けている。》（ハーヴェイ・クレア、F.I.・フイルソフ、ジョン・アール・ヘインズ著、渡辺雅男、岡本和彦翻訳『アメリカ共産党とコミンテルン―地下活動の記録』五月書房、二〇〇〇年）

第二次世界大戦後、東西冷戦の勃発を受けてアメリカではソ連への反感が強まり、「アメリカ共産党はソ連の支部だ」と批判されていました。ですが、一九八〇年代、ベトナム反戦運動などの影響から台頭したリベラル派たち、正確に言えばニューレフト（New Left）の学者たちによって、アカデミズムにおけるアメリカ共産党研究は大きく修正されていくのです。

その代表格は、ハミルトン大学のモーリス・イザーマン（Maurice Isserman）教授で、*Which Side Were You On? The American Communist Party during the Second World War*（1982; University of Illinois Press）がその代表作です。

クレアたちはこう続けます。

《この20年間にアカデミックな歴史学者の間で支配的な見方となった修正派（リヴィジョニスト）の見解によれば、アメリカの共産主義運動はラディカルであるが、アメリカの民主主義の中での通常の政治運動である。

この評価に立てば、アメリカの共産主義は、アメリカの民主主義的、人民主義（ポピュリスト）的、革命的な過去にルーツを持つアメリカ的運動であると見なされることになる。アメリカの共産主義者がときにソビエト共産主義からイデオロギー的影響を受けていたことは事実だが、モスクワとのつながりは表面的ないし儀礼的であり、草の根のところではアメリカの共産主義者はイデオロギー的抽象論にほとんど注意を払わず、人種差別との戦いや組合の組織化やアメリカ民主主義の推進に関心を集中したのだ。この学派はそう主張する》（前掲書）

アメリカ共産党は先鋭的だが、あくまでアメリカの民主主義の一形態であり、人種差別反対や労働者の権利向上に取り組んだに過ぎない。ソ連からイデオロギー上の影響は受けたものの、ソ連・コミンテルンとのつながりは「儀礼的なもの」に過ぎないと、リベラル派の学者たちは主張したのです。

よって、アメリカのインテリジェンス機関、治安機関は、戦後、非合法化されたアメリカ共産党とその同調者たちへの監視をやめるべきだと、暗に政府を批判したわけです。

ずさんな「反共」言論が人権侵害をもたらした

主な争点は、「アメリカ共産党は精神的にも機構的にもコミンテルンのアメリカ支部であったかどうか」でした。

その際、リベラル派は、「アメリカ共産党がソ連・コミンテルンの支部であった」と主張しているのは元共産党員たちであり、その主張は信用できるのかと訴えたのです。クレアたちはこう指摘しています。

《修正派は、アメリカ共産主義の暗黒面（これは、離反した草創期の党員によって強調されることが多かった）として描かれたものについての議論を無視ないし軽視した。元共産党員は、党がソビエトから資金提供を受けていたこと、モスクワから命令や指示を与えられていたこと、アメリカ共産党員が諜報活動に雇われたことを指摘する。修正派は、これらの話を本質的に信頼できない、誇張だとして退ける。あるいは、話し手の共産主義への幻滅が混じり込んだ話であり、アメリカの凝り固まった反共主義の側から提供される金銭的報酬や利益にそそのかされたつくり話だとして退ける。》（前掲書）

モーリス・イザーマンら修正派の議論も一理ありました。クレアたちもこう同調しています。

《確かに、一部の元党員は自分の知っていることを膨らませたり、誇張したりした。また、自分の現在の職の要請に合わせたり、注目を浴びることがうれしくて、話を故意に曲げたり嘘をついたりした者もいた。過去の出来事を再現する時に無意識に誤りを犯す人もいた。》（前掲書）

日本でも、インターネットには大した根拠もなく特定の政治家などを「中国共産党のスパイだ」とか、「在日だ」と決めつけて非難する言論が溢れています。法治国家の「推定無罪」の原則からすれば、それは極めて悪質な人権侵害です。

それはサヨク・リベラル勢力の人々も同様で、いわゆる従軍慰安婦問題のように、日本軍の残虐行為を訴える元軍人たちの「証言」をウラも取らずに報じ、それが国際問題に発展したケースもあります。《話を故意に曲げたり嘘をついたり》する人のことを詐術師と呼びますが、そうした人たちが言論界にも溢れています。

しかも、この「詐術」は、時に政治的に利用されることがあります。

そして、まさにこの「詐術」を使って共産主義を攻撃したために、第二次世界大戦後、アメリカでは共産主義に関する冷静な議論ができなくなってしまったのです。一九五〇年代にアメリカを席捲した「赤狩り」、マッカーシズムのことです。

アメリカ人にとって第二次世界大戦は、ナチス・ドイツや日本などの「ファシズム国家」から、「自由と民主主義」を守る戦いであったはずでした。

ところが世界大戦が終了すると、ヨーロッパの東半分はソ連の支配下に落ち、ソ連と共産党による人権弾圧に苦しむことになりました。中国大陸では中国共産党国家が生まれ、アメリカのキリスト教徒たちは迫害され、命からがら帰国しました。中国大陸をキリスト教化しようと百年近くにわたって大陸各地に教会、大学を建設してきたが、それらの財産はすべて共産党によって奪われてしまったのです。そして一九五〇年六月には朝鮮戦争が勃発し、多くのアメリカの青年たちが再び戦死することになりました。

こんなはずではなかった。

なぜヨーロッパとアジアで同時に共産党が台頭するのか。アメリカ政府は何をしてきたのか。そうした疑問が溢れ、それが国際共産主義に対する過剰な反発、恐怖へと変わっていったのです。当時のアメリカの雰囲気をクレアたちはこう説明しています。

《1950年代はじめに、反共主義は最高潮に達した。ソ連は東ヨーロッパ支配を固め、核超大国となり、中国も共産主義勢力の手に落ち、五万四千人のアメリカ兵が朝鮮に侵入してきた共産軍と戦って死んだ。ヒスおよびローゼンバーク夫妻のスパイ事件で引き起こされた憤激は、海外で共産主義が躍進していることへの怒りや恐れと結びついて沸騰し、デマゴーグや偽善者やいかさま師が反共感情を彼ら自身のいかがわしい目的のために利用することも可能な雰囲気ができあがっていた》（前掲書）

ヒスとは、ルーズヴェルト大統領の側近として一九四五年二月のヤルタ会談に同行した国務省特別政治問題担当局長アルジャー・ヒスのことです。彼は実はソ連の軍参謀本部情報総局（GRU）エージェントでした。

また、ローゼンバーク夫妻とは、ニューヨークの電気技術者J・ローゼンバーグとその妻エセルのことです。夫妻は米国の核兵器開発に関する機密情報を旧ソ連へ渡したとして一九五〇年に逮捕され、その後死刑に処せられました。

マッカーシズムへの反発

これらのスパイ事件により沸騰したアメリカ国民の反共感情を、党利党略、つまり政権与党であった民主党への攻撃に使ったのが、野党である共和党のジョセフ・マッカーシー上院議員でした。

《マッカーシーにとって、反共主義はニューディール派、リベラル派、民主党を反逆罪に巻き込むためのゲリラ的武器であった。彼は、誇張されたり、ゆがめられたり、時には全くのでたらめの証拠を使って、数百人を共産主義活動の罪で告発しているが、その中で、彼の政治的な目的に叶っていれば、明らかに有罪と思われる人間と並んで無実の人間を含めることさえ無頓着に行った。共産主義に対する反感が当時は強かったため、マッカーシーや彼と同等の人物によるデマゴーグ的発言にも数年の間は聴衆が付き従っていた。一部の無実の人間は、立証されていない告発に基づき無責任に追求されたり、政治目的のためにでっち上げられた証拠を使ったりして、破滅に追いやられた》（前掲書）

反共ヒステリーとも呼ぶべき世論を追い風に、マッカーシー上院議員は一九五〇年、しっかりした証拠もないままに、数百人もの人々を共産党員、ソ連のスパイだと決めつけ、政治的につるし上げたのです。

世論の暴走を食い止めるのは難しい。だが、熱しやすく冷めやすい世論の暴走によって特定の人物を犯罪者、スパイ扱いすることは、人権侵害、冤罪を生むことになりかねません。特にスパイ活動については政治的な判断が加わっていることになるので、なおさら慎重な判断が求められます。ですが、マッカーシー上院議員はそうした慎重さに欠けていました。

そのためマッカーシーのずさんな告発は、明確な証拠を必要とする司法（裁判所）の場では通用しなかったのです。かくしてマッカーシーの告発は失敗し、「特定の人物を共産主義者、ソ連のスパイと決めつけることは人権侵害だ」とする風潮が生まれてしまったのです。

《この時代の行き過ぎは幾つかの反動を生み出した。マッカーシーは繰り返し品性を欠いた言動を行ったとして上院において同僚から叱責され、動きを封じられた。乱用された反共的な法律の多くは、裁判所で無効と判断された。また立証されていない告発を勝手に押し付けたり、関連性だけで有罪と決めつけたりする「マッカーシズム」は道義的に間違いであり、この言葉は政治的な非難の対象とされるべきであるというコンセンサスができあがった》（前掲書）

問題は、マッカーシズムへの反発から、国際共産主義やアメリカ共産党に関する学術的な研究をすることも「人権侵害だ」とする風潮が生まれてしまったことです。このため、アメリカでは国際共産主義やアメリカ共産党の問題点について研究することとそれ自体が白眼視されていくようになったのです。しかもアメリカのこの風潮は日本にも伝わり、日本でも、国際共産主義やコミンテルンについて研究することがタブー視されてしまいました。

きちんとした証拠に基づかない、ずさんなレッテル張りが、コミンテルンやインテリジェンスに関する研究を阻害してしまったのです。

こうした風潮の中で、こつこつと研究を続けたのが、クレアたちでした。

確かにマッカーシズムには問題があった。だが、だからと言って国際共産主義の問題点について言及することまで「人権侵害だ」として否定するのは行き過ぎではないか――。クレアたちは、マッカーシズムと、しっかりした証拠に基づいて国際共産主義について研究することを混同すべきではないとして、こう訴えたのです。

《マッカーシー時代の行き過ぎへの反動は、アメリカ共産主義を取り巻く歴史的問題、特に秘密活動をめぐる議論にも混乱を持ち込んだ。マッカーシーやそれに類した人々がアメリカ共産党員によるソビエト諜報活動への関与の問題を利用したのはリベラル派や民主党員の追い落としのためだった。そのことから、党が秘密活動や諜報活動に関与したなどと言おうものなら、人から、それはマッカーシズムだと決めつけられることもあった。これでは、関連性だけで有罪としてしまうマッカーシーと逆の立場で同じ誤りを犯すことになる。

マッカーシーの反共十字軍が行き過ぎや、誤りや、不正を犯したことを認めることは、反共主義がアメリカの改良的グループに対する非合理で弁護の余地のない迫害であるとか、党が邪悪な活動に関わることなどあり得ないといった歪曲的見解を受け入れることと同じではないか》（前掲書）

現在、日本でも国際共産主義と第二次世界大戦についての議論が起こっていますが、確たる証拠もないままに、状況証拠だけで特定の人物を共産主義者、ソ連のスパイだと決めつける議論が見受けられます。

しかも近年のインテリジェンス・ブームに乗ってなのか、公判（裁判）に耐えるだけの証拠もなく、「誰々は中国のスパイだ」「あの会社は、中国共産党のフロント会社だ」と批判する本が大手を振って出版されています。

外国のスパイの危険性を警告することは重要ですが、出版物などで「誰々がスパイだ」と、特定の個人を名指しで非難するのであるならば、公判に耐えるだけの証拠も併せて明示すべきです。というのも、こうした安易な議論が横行してしまうと、日本でスパイ防止法が成立した際に、状況証拠だけで特定の人物をスパイ扱いするような、恐ろしい人権侵害がまかり通る恐れがあるからです。

アメリカのインテリジェンスの世界では常識となっている「マッカーシズムの反省」をよくよく理解しておきたいものです。

インテリジェンスと保守自由主義
新型コロナに見る日本の動向

令和2年5月27日　初版発行
令和2年11月22日　第3刷発行

著者　江崎道朗

発行人　蟹江幹彦

発行所　株式会社　青林堂

〒150-0002　東京都渋谷区渋谷3-7-6

電話　03-5468-7769

装幀　TSTJ Inc.

印刷所　中央精版印刷株式会社

Printed in Japan

ISBN 978-4-7926-0677-0